机器人智能感知与控制

卢金燕　著

黄河水利出版社
·郑州·

内 容 提 要

本书紧密围绕机器人智能感知与控制的主题开展研究,主要内容包括绪论、机器人感知系统、机器人位姿测量、机器人视觉伺服,以及基于多传感器的机器人对准控制等。

本书可作为从事机器人智能感知与控制、开发与管理等领域工作的科研人员、工程技术人员和技术管理人员的参考书。

图书在版编目(CIP)数据

机器人智能感知与控制/卢金燕著. —郑州:黄河水利出版社,2020.8

ISBN 978 - 7 - 5509 - 2768 - 1

Ⅰ.①机… Ⅱ.①卢… Ⅲ.①智能机器人 - 感知 - 研究 Ⅳ.①TP242.6

中国版本图书馆 CIP 数据核字(2020)第 140908 号

组稿编辑:李洪良 电话:0371 - 66026352 E-mail:hongliang0013@163.com

出 版 社:黄河水利出版社 网址:www.yrcp.com
地址:河南省郑州市顺河路黄委会综合楼14层 邮政编码:450003
发行单位:黄河水利出版社
发行部电话:0371 - 66026940、66020550、66028024、66022620(传真)
E-mail:hhslcbs@126.com
承印单位:广东虎彩云印刷有限公司
开本:890 mm × 1 240 mm 1/32
印张:3.5
字数:104 千字
版次:2020 年 8 月第 1 版 印次:2020 年 8 月第 1 次印刷
定价:48.00 元

前　言

机器人是力学、机构学、材料学、仿生学、自动控制、计算机、人工智能、光电、通信、传感等多学科交叉和技术综合的结晶。作为人类体能、智能和感知的延伸，利用智能感知技术，机器人有望拥有类似人眼和人耳等感官的功能，使得机器人和人之间、机器人和环境之间的沟通能够像人和人及人和环境一样自然。在可以预见的将来，机器人将成为人类的得力助手，提高人类的生活质量，成为人类朝夕相处的可靠伙伴。目前，国际上已经成立了大量的机器人学会和机器人协会，众多的研究团体和研究机构从事机器人的研究，研究内容包括机器人的结构、机器人的视觉与触觉、机器人的智能、机器人的控制方法等。

在信息与互联网、新材料与新能源、自动化与人工智能等条件的推动下，机器人技术的研究和应用已从传统的工业领域快速扩展到医疗康复、家政服务、外星探索和勘测勘探等其他领域。无论是传统的工业领域还是其他领域，对机器人性能要求的不断提高，使机器人必须面对更极端的环境、完成更复杂的任务。智能的感知和控制方法使机器人能够获取、处理、识别各种传感信息，并自主完成各种复杂的操作任务，是提高机器人环境自适应性、决策自主性和智能化水平的关键。

作者在多年从事机器人智能感知与控制研究的基础上，总结所取得的研究成果，并结合当前国内外机器人智能感知与控制方面的最新进展，完成本书的撰写。全书共分为5章，分别为绪论、机器人感知系统、机器人位姿测量、机器人视觉伺服，以及基于多传感器的机器人对准控制。本书从感知与控制的角度，系统全面地介绍了机器人的感知系统、位姿测量原理和方法、视觉控制的原理与实现，并给出多传感器的机器人控制应用示例。

本书是在河南省科技攻关项目——面向多实例的机器人视觉控制研究（202102210187）的资助下完成的，作者在此表示诚挚的感谢。近年来,机器人智能感知与控制的研究发展迅速。由于当前研究一直处于不断发展之中,再加上作者水平有限,难以全面、完整地对当前的研究前沿和热点问题进行一一探讨。书中存在错误与不当之处,敬请读者批评指正。

作　者

2020 年 7 月

目 录

第1章 绪 论

自 1959 年世界上第一台工业机器人问世以来,机器人研究取得了巨大进展,已在制造业、服务业、国防安全和太空探测等领域得到了广泛应用。2013 年,《美国机器人发展路线图——从互联网到机器人》预言机器人是一项能像网络技术一样对人类未来产生革命性影响的新技术,有望像计算机一样在未来几十年里遍布世界的各个角落。

机器人是力学、机构学、材料学、仿生学、自动控制、计算机、人工智能、光电、通信、传感等多学科交叉和技术综合的结晶。作为人类体能、智能和感知的延伸,利用智能感知技术,机器人有望拥有类似人眼和人耳等感官的功能,使得机器人和人之间、机器人和环境之间的沟通能够像人和人及人和环境一样自然。在可以预见的将来,机器人将成为人类的得力助手,提高人类的生活质量,成为人类朝夕相处的可靠伙伴。

1.1 机器人的概念及发展历程

1.1.1 机器人的概念

机器人一词最早出现在科幻作品和文学作品中。1920 年,捷克作家 Karel Capek 发表了一部名为《Rossum's Universal Robots》的科幻剧本,把捷克语"Robota"(农奴)写成"Robot"。科幻作家阿西莫夫在1942 年提出了著名的"机器人三原则":①机器人不应伤害人类;②机器人应遵守人类的命令,违背第一条原则的命令除外;③机器人应能保护自己,与第一条原则相抵触者除外。虽然这只是科幻小说里的原则,但后来成为学术界默认的研发原则。1954 年,在达特茅斯会议上,马文·明斯基提出了他对智能机器的看法:智能机器能够创建周围环境的抽象模型,如果遇到问题,能够从抽象模型中寻找解决方法。这个定义影响了之后 30 年智能机器人的研究方向。1956 年,美国人乔治·

德沃尔制造出世界上第一台可编程的机器人,并注册了专利。这种机械手能按照不同的程序从事不同的工作,因此具有通用性和灵活性。1959 年,德沃尔与美国发明家约瑟夫·英格伯格联手制造出第一台工业机器人,随后成立了世界上第一家机器人制造工厂——Unimation 公司。由于英格伯格对工业机器人的研发和宣传,他也被称为"工业机器人之父"。1962 年,美国 AMF 公司生产出"VERSTRAN"(意思是万能搬运),与 Unimation 公司生产的 Unimate 一样成为真正商业化的工业机器人,并出口到世界各国,掀起了全世界对机器人研究的热潮。

目前,机器人还没有统一的定义。国际标准化组织(ISO)认为:机器人是一种自动的、位置可控的、具有编程能力的多功能机械手,这种机械手具有若干个轴,能够借助可编程操作来处理各种材料、零件、工具和专用装置,以执行各种任务。日本工业机器人协会(JIRA)给出如下定义:工业机器人是一种装备有记忆装置和末端执行器的、能够转动并通过自动完成各种移动来代替人类劳动的通用机器。上述定义跟当时机器人的发展状况密切相关。随着相关学科的快速发展,机器人已不再局限于工业机器人,无论在个体结构、功能,还是在工作环境、群体组织形式等方面都发生了深刻的变化,被赋予的内涵越来越多,智能化程度也越来越高。

根据美国机器人协会给出的定义:机器人是一种可编程和多功能的操作机;或是为了执行不同的任务而具有可用电脑改变和可编程动作的专门系统。从应用环境的角度划分,机器人分为工业机器人(industry robot)和服务机器人(service robot)两大类。

工业机器人是面向工业领域的多关节机械手或多自由度机器人,是自动执行工作的机器装置,是靠自身动力和控制能力实现各种功能的一种机器,它接受人类发出的指令后,将按照设定的程序执行运动路径和作业,包括焊接、喷涂、组装、采集和放置(包装和码垛等)、产品检测和测试等(ISO 定义)。

根据国际机器人联合会(international federation of robotics,IFR)的定义,服务机器人是一种半自主或全自主工作的机器人(不包括从事生产的设备),它能完成有益于人类的服务工作。服务机器人又可分为两类:专用服务机器人(professional service robot)和家用服务机器人

（domestic use robot）。其中，专用服务机器人是在特殊环境下作业的机器人，如水下作业机器人、空间探测机器人、抢险救援机器人、反恐防爆机器人、军用机器人、农业机器人、医疗机器人及其他特殊用途机器人；家用服务机器人是服务于人的机器人，如助老助残机器人、康复机器人、清洁机器人、护理机器人、教育娱乐机器人等。

1.1.2 机器人的发展历程

机器人以服务于人、服务于社会为宗旨，灵巧操作、适应多变环境、人工智能及互联网的人机融合友好共存是未来机器人发展的规律与必然趋势。2011 年，为配合制造业回归和再工业化国家战略，美国开始推行"先进制造伙伴计划"，投资开发下一代机器人技术。2012 年，韩国发布了"机器人未来战略展望 2022"，支持扩大韩国机器人产业并推动机器人企业进军海外市场。2013 年，德国提出"工业 4.0"，支持发展基于机器人技术的智能制造系统。2014 年，日本发布"新经济增长战略"，将机器人产业列入七大重点扶持产业之一，5 年内力争实现机器人普及、提高生产效率、解决劳动力短缺等问题。习近平主席在 2014 年的"两院院士大会"上指出：机器人是制造业皇冠顶端的明珠，其研发、制造、应用是衡量一个国家科技创新和高端制造业水平的重要标志。机器人已被列为中国"十三五期间"计划实施的 100 个重大工程及项目之一。

自 20 世纪 60 年代初研制出尤尼梅特和沃莎特兰这两种机器人以来，机器人的研究已经从低级到高级经历了三代的发展历程。

1.1.2.1 程序控制机器人（第一代）

第一代机器人是程序控制机器人，它完全按照事先装入到机器人存储器中的程序安排的步骤进行工作。程序的生成及装入有两种方式：一种是由人根据工作流程编制程序并将它输入到机器人的存储器中；另一种是"示教 - 再现"方式，所谓"示教"是指在机器人第一次执行任务之前，由人引导机器人去执行操作，即教机器人去做应做的工作，机器人将其所有动作一步步地记录下来，并将每一步表示为一条指令,"示教"结束后,机器人通过执行这些指令以同样的方式和步骤完成同样的工作(即再现)。如果任务或环境发生了变化,则要重新进行程序设计。这一代机器人能成功地模拟人的运动功能,它们会拿取和安放、拆卸和安装、翻转和抖动,能尽心尽职地看管机床、熔炉、焊机、生产线等,能有效地从事安装、搬运、包装、机械加工等工作。目前,国际上商品化、实用化的机器人大都属于这一类。这一代机器人的最大缺点是它只能刻板地完成程序规定的动作,不能适应变化了的情况,一旦环境情况略有变化(如装配线上的物品略有倾斜),就会出现问题。更糟糕的是它会对现场的人员造成危害,由于它没有感觉功能,有时会出现机器人伤人的情况。日本就曾经出现机器人把现场的一个工人抓起来塞到刀具下面的情况。

1.1.2.2　自适应机器人(第二代)

第二代机器人的主要标志是自身配备有相应的感觉传感器,如视觉传感器、触觉传感器、听觉传感器等,并用计算机对其进行控制。这种机器人通过传感器获取作业环境、操作对象的简单信息,然后由计算机对获得的信息进行分析、处理,并以此控制机器人的动作。由于它能随着环境的变化而改变自己的行为,故称为自适应机器人。目前,这一代机器人也已进入商品化阶段,主要从事焊接、装配、搬运等工作。第二代机器人虽然具有一些初级的智能,但还没有达到完全"自治"的程度,有时也称这类机器人为人眼协调型机器人。

1.1.2.3　智能机器人(第三代)

第三代机器人是指具有类似于人的智能的机器人,即它具有感知环境的能力,配备有视觉、听觉、触觉、嗅觉等感觉器官,能从外部环境中获取有关信息,具有思维能力,能对感知到的信息进行处理,以控制自己的行为,具有作用于环境的行为能力,能通过传动机构使自己的"手""脚"等肢体行动起来,正确、灵巧地执行思维机构下达的命令。目前,研制的机器人大多都只具有部分智能,真正的智能机器人还处于研究之中,但现在已经迅速发展为新兴的高技术产业。

1.2　机器人的特点及基本结构

随着机器人技术的不断进步,人们对机器人的要求也越来越高,设计出了各种各样的机器人以满足不同应用场合的需求。一般说来,机器人应当具备以下特点:

(1)运动性:机器人应当具有运动能力,便于在环境中执行任务。

(2)自动性:机器人应当具有自动控制的能力,是一种典型的机电一体化的自动化机械。

(3)个体性:机器人作为一个个体,是相对独立的。

(4)可编程性:控制程序可以修改,以满足不同环境和任务的要求。

(5)作业性:每种机器人应是面向一种或多种作业而设计的。

(6)智能性:机器人应能够利用传感器感知周围环境的变化,并根据这些传感信息做出相对合理的决策。

一个机器人系统通常由机器人本体、工作环境及需要执行的任务等三部分组成。当任务下达给机器人之后,高层的上位控制计算机可以根据环境信息和机器人的状态做出决策,给出机器人的动作指令;机器人也可以根据任务及获取的传感信息自主决策,驱动执行系统运动,以适应环境的变化。环境和任务的复杂程度不同,决定了机器人所需要的感知能力、控制决策能力的不同。在未知动态环境下,较高的信息获取能力及自主决策能力是机器人系统顺利完成任务的保障。

按照机器人各连杆的串并联关系不同,机器人可分为串联机器人和并联机器人。

1.2.1　串联机器人

串联机器人由臂、关节和末端执行装置构成,已经大量应用于工业生产线,按照不同任务要求,其末端执行装置也不一样。根据几何结构来分,可以分为直角坐标机器人、柱面坐标机器人、球面坐标机器人和关节式球面坐标机器人等(见表1-1)。图1-1给出了两种串联机器人。

表 1-1　串联机器人的分类与特点

分类	运动特点	工作空间
直角坐标机器人	一般为 2~3 轴,各轴主要做直线运动,且运动方向通常相互垂直	平面或立方面
柱面坐标机器人	运动机械臂安装在立柱上,可转动和升降	一段圆柱面
球面坐标机器人	机械臂(可伸缩)安放在一个可旋转和俯仰的云台上	部分球面
关节式球面坐标机器人	机械臂在通过底座的垂直平面上运动,在水平平面上可旋转运动	大部分球面

(a)ABB 公司串联机器人

(b)SCARA 公司串联机器人

图 1-1　串联机器人

1.2.2 并联机器人

并联机器人(parallel mechanism,简称 PM),可以将其定义为动平台和定平台通过至少两个独立的运动链相连接,机构具有两个或两个以上自由度,且以并联方式驱动的一种闭环机构,如图 1-2 所示的两种并联机器人。

从运动形式来看,并联机构可分为平面机构和空间机构;细分可分为平面移动机构、平面移动转动机构、空间纯移动机构、空间纯转动机构和空间混合运动机构,

按并联机构的自由度数分类,可分为下列几种形式。

1.2.2.1 二自由度并联机构

二自由度并联机构,如 5-R、3-R-2-P(R 表示转动副,P 表示移动副)平面五杆机构是最典型的二自由度并联机构,这类机构一般具有 2 个移动运动。

1.2.2.2 三自由度并联机构

三自由度并联机构种类较多,形式较复杂,一般有以下形式:平面三自由度并联机构,如 3-RRR 机构、3-RPR 机构,它们具有 2 个移动运动和一个转动运动;球面三自由度并联机构,如 3-RRR 球面机构、3-UPS-1-S 球面机构,3-RRR 球面机构所有运动副的轴线汇交于空间一点,该点称为机构的中心,而 3-UPS-1-S 球面机构则以 S 的中心点为机构的中心,机构上所有点的运动都是绕该点的转动运动;三维纯移动机构,如 Star Like 并联机构、Tsai 并联机构和 Delta 并联机构,该类机构的运动学正反解都很简单,是一种应用很广泛的三维移动空间机构;空间三自由度并联机构,如典型的 3-RPS 机构,这类机构属于欠秩机构,在工作空间内不同点的运动形式不同是其最显著的特点,由于这种特殊的运动特性,阻碍了该类机构在实际中的广泛应用;还有一类是增加辅助杆件和运动副的空间机构,如德国汉诺威大学研制的并联机床采用的 3-UPS-1-PU 球坐标式三自由度并联机构,由于辅助杆件和运动副的制约,使得该机构的运动平台具有 1 个移动和 2 个转动的运动(也可以说具有 3 个移动运动)。

(a)Stewart 并联机器人

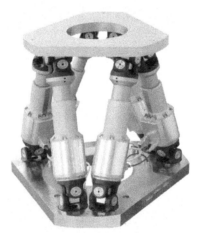

(b) 六自由度并联机器人

图 1-2　并联机器人

1.2.2.3　四自由度并联机构

　　四自由度并联机构大多不是完全并联机构,如 2-UPS-1-RRRR 机构,运动平台通过 3 个支链与定平台相连,有 2 个运动链是相同的,各具有 1 个虎克铰 U、1 个移动副 P,其中 P 和 1 个 R 是驱动副,因此这种机构不是完全并联机构。

1.2.2.4 五自由度并联机构

现有的五自由度并联机构结构复杂,如韩国 Lee 的五自由度并联机构具有双层结构(2 个并联机构的结合)。

1.2.2.5 六自由度并联机构

六自由度并联机构是并联机器人机构中的一大类,是国内外学者研究最多的并联机构,广泛应用在飞行模拟器、六维力与力矩感知和并联机床等领域。但这类机构有很多关键性技术没有完全得到解决,比如其运动学正解、动力学模型的建立及并联机床的精度标定等。从完全并联的角度出发,这类机构必须具有 6 个运动链。但现有的并联机构中,有拥有 3 个运动链的六自由度并联机构,如 3-PRPS 和 3-URS 等机构,还有在 3 个分支的每个分支上附加 1 个 5 杆机构作驱动机构的六自由度并联机构等。

与串联机器人相比较,由于并联机器人不存在各关节误差的累积和放大,使得其误差小、精度高,同时并联机构刚度大、机构稳定、承载能力高,可实现高速运动,使其广泛应用在航空、医疗等领域。但是,它也存在一些问题,例如工作空间小、正向运动学求解困难等。

1.3 机器人的关键技术

机器人主要包含 6 个系统:机械结构系统、驱动系统、感知系统、机器人 – 环境交互系统、人机交互系统和控制系统,涉及机械、电子、控制、计算机、人工智能、感知、通信与网络等多个学科和领域。

1.3.1 驱动系统

机器人的驱动方式主要包括液压驱动、气压驱动和电机驱动。液压驱动外形较为复杂且质量大,系统存在泄露、噪声和低速不稳定等问题,但因其驱动力强,操作能力强,目前在大型重载机器人、并联工业机器人、仿人机器人和一些特殊应用场合使用较多。气压驱动具有速度快、系统结构简单、维修方便、价格低等优点。但是由于气压装置的工作压强低,不易精确定位,一般仅用于工业机器人末端执行器的驱动。

电机驱动是现代多关节机器人的一种主流驱动方式,主要包括直流伺服电机、交流伺服电机、步进电机和直线电机。直流伺服电机和交流伺服电机采用闭环控制,一般用于高精度、高速度的机器人驱动;步进电机用于对精度和速度要求不高的场合,采用开环控制;直线电机及其驱动控制系统在技术上日趋成熟,已具有传统传动装置无法比拟的优越性能,例如适应非常高速和非常低速应用、高加速度、高精度、无空回、磨损小、结构简单、无须减速器和齿轮丝杠联轴器等。

1.3.2　感知系统

机器人的感知系统将机器人内部的各种状态信息和环境信息转变为机器人自身或机器人之间能够理解和应用的数据信息,除需要感知与自身工作状态相关的机械量外,如位移、速度、加速度、力和力矩,视觉感知是机器人感知的一个重要方面。

视觉感知系统将视觉信息作为反馈信号,用于控制调整机器人的位置和姿态,在目标识别、人机交互、质量检测和食品分拣等方面都有广泛的应用。机器人视觉感知包括基于位置的视觉感知和基于图像的视觉感知,可分别称为三维视觉感知和二维视觉感知。三维视觉感知是利用相机的参数来建立图像信息与机器人末端执行器的位置信息或姿态信息之间的映射关系,实现机器人末端执行器位置的闭环控制,要求末端执行器始终能在视觉场景中观测到目标,并计算出其三维位置姿态信息。其中,消除图像中的干扰和噪声是保证位置与姿态误差计算准确的关键。二维视觉感知通过比较相机拍摄的图像与给定的图像特征,得到误差信号,并根据机器人当前的作业状态,通过关节控制器和视觉控制器完成修正控制。相比三维视觉感知,二维视觉感知对相机及机器人的标定误差具有较强的鲁棒性,但是在视觉感知控制器的设计中,不可避免地会遇到图像雅可比矩阵的奇异性及局部极小等问题。这两种方法各有其优点和适用性,同时也存在一些缺陷,于是Chaumette 等提出了 2.5 维视觉伺服方法。这种方法成功地把图像信号和基于图像提取的位姿信号进行有机结合,并综合他们产生的误差信号进行反馈,很大程度上解决了鲁棒性、奇异性和局部性极小等问题。

1.3.3 运动规划

为了提高工作效率,并使机器人能用尽可能短的时间完成特定的任务,必须有合理的运动规划,即离线运动规划。离线运动规划分为路径规划和轨迹规划。路径规划的目标是使路径与障碍物的距离尽量远,同时路径的长度尽量短;轨迹规划的目的主要是在机器人关节空间移动中使得机器人的运行时间尽可能短,或者能量消耗尽可能小。轨迹规划在路径规划的基础上加入时间序列信息,对机器人执行任务时的速度与加速度进行规划,以满足光滑性和速度可控性等要求。

示教-再现是工业机器人实现路径规划的常用方法之一。通过操作空间进行示教并记录示教结果,在工作过程中加以复现,现场示教直接与机器人需要完成的动作对应,路径直观且明确。工业机器人采用示教盒进行示教的方式较为普遍,但是对于工作轨迹复杂的情况,示教盒示教并不能达到理想的效果,例如用于复杂曲面喷漆工作的喷漆机器人。所以,示教的缺点是需要经验丰富的操作工人,并消耗大量的时间,且路径不一定最优化。为解决上述问题,可以建立机器人虚拟模型,通过虚拟的可视化操作完成对作业任务的路径规划。

1.4 机器人的发展现状及趋势

目前,机器人的应用和研究从工业领域快速向其他领域延伸扩展。而传统工业领域对作业性能提升的需求及其他领域的新需求,极大地促进了机器人理论与技术的进一步发展。

1.4.1 人机协作

随着机器人应用领域的扩展,对其作业的可靠性和复杂性提出了更高的要求。人机协作是工业机器人发展的新常态,将人的智能和机器人的高效率结合在一起,共同完成作业,也就是"人"直接用"手"来操作机器人。人机协作是机器人进化的必然选择,其具有安全、易用、成本低的优势,它使普通工人可以像使用电器一样操作机器人。协作机器人不需要专业的工程师安装调试和复杂的系统集成,开箱后对普通工人进行简单培训,即可使用。未来传统工业机器人会更多地应用在大批量、周期性强、高节奏的全自动生产线,协作机器人会用在个性化、小规模、变动频繁的小型生产线或人机混线的半自动环境。协作机器人结构简单,主要通过软件整合来实现功能,其硬件构成主要是球形关节、反向驱动电机、力觉(视觉)传感器及更轻的材料,传统的减速机等核心零部件将不再是关键。人机协作将促进机器人普及,使机器人走向融合的开端。

1.4.2　智能化

随着机械向集成化、自动化和多功能方向发展,对多关节机器人的智能化功能与性能的要求也越来越高。机器人的工作性能、精度、效率等在很大程度上取决于智能化的程度,因此必须重视对多关节机器人的智能化研究。机器人智能化是运动学与动力学、计算机学、神经学和人工智能等学科领域的融合,并且正向自适应、自主性、实时性和多功能等方向发展。仿脑技术、自主心智发育技术、大数据、深度学习等新理论、新技术的应用极大地推动了智能化的发展,使智能化程度不断提高。着眼未来,多关节机器人智能化研究的发展趋势应该是研究现代软计算的新理论与新方法、云服务系统的终端执行设备、实现多功能的设计理论及应用关键技术、"深度学习 + 大数据"模式与智能化研究相融合。

1.4.3　知识共享

机器人知识共享是指机器人将其知识信息分享给其他机器人,使其他机器人能掌握这些信息,这将加速机器人学习新技能。机器人知识共享的终极目标为建立一个云端信息库,机器人可将自己的知识贡献上传至云端信息库,同时可下载云端中来自其他机器人的知识,这样可实现机器人能力的爆炸增长。

1.4.4 轻量化

为满足机器人更加轻巧、高效率及操作便捷性等方面的需求,机器人轻量化也是未来的发展趋势。轻量化的途径主要有两种:①结构设计轻量化;②结构零部件材料轻量化。机器人材料的轻量化可大幅提高其机动性,减少能耗,增加工作效率,突显机器人在减轻运动惯性、提高操作速度和动作准确度方面的优势。材料轻量化相对于结构轻量化而言,使机器人具有更大的减重潜力和更广阔的应用范围。如外骨骼机器人虽然目前能在有限的环境下发挥作用,而且在不断地走向实用化,但要继续发展,必须对驱动系统和电源系统进行整体的小型化、轻量化。

1.4.5 环境适应性

随着机器人应用领域的扩展,机器人的工作环境可以是室内、室外、火山、深海、太空,乃至地外星球。其复杂的地面或地形、不同的气压变化、巨大的温度变化、不同的辐照和不同的重力条件使得机器人的机构设计和控制方法必须进行针对性和适应性的设计。通过仿生手段研究具有飞行、奔跑、跳跃、爬行和游动等不同运动能力且适应不同环境条件的机器人机构和控制方法,对于提高机器人的环境适应性具有重要的理论价值。

第 2 章　机器人感知系统

2.1　机器人感知系统的概念

机器人作为集合机械系统、电气系统、感知系统、控制系统、计算机系统等为一体的高端机电设备,其复杂程度较高,其研究、设计和制造的过程一般分为以上多个子系统分别进行。感知系统在整个机器人系统中占据着重要的位置,相当于人类的"感觉"系统。类似人类依靠眼睛的视觉、耳朵的听觉、鼻子的嗅觉等,机器人完成各种复杂的工作,同样离不开各种各样的感知设备。机器人感知系统的功能可以用机器人抓举物体的相关过程来描述,如图 2-1 所示。

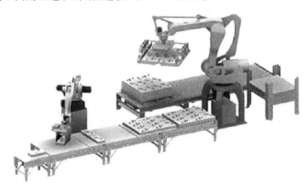

图 2-1　机器人抓举示意图

(1)机器人首先通过自身的距离传感器和视觉系统获取工件的三维位置、姿态与抓手的距离等物理量,从而制定出抓取的路径、角度、力度等策略。

(2)机器人利用其手部的接近觉传感器,接近工件,并跟踪工件表面,确定抓取位置。

(3)机器人通过手部的触觉传感器(压力)来控制手部的夹力,确保稳定地夹持物体。

(4)利用感知信息的处理,合理规划路径,将机器人移动到另一工件处,在移动的过程中通常还要调用视觉传感器的信息来实时修正机器人的运动轨迹,保证精确到达指定位置。

(5)机器人将工件装入合适的位置,最后压力传感器确认是否完成装配作业。

各种机器人创造的初衷是代替人来进行各种复杂枯燥的工作,所以其很多特性都类似人类。机器人想要执行各种各样的任务就必须对自身周围环境有精确的了解,并且对自己所要处理的对象了如指掌,同时其也要实时接收来自操作者的各种命令,所以赋予其强大的感知功能是必需的,这种能力就是机器人感知系统提供的。机器人感知系统与其他感知系统不同,它不仅要有检测和测量状态信息的能力,而且它还要处理采集到的信息,并根据采集到的信息对外部采取行动,因此它应有很强的实时采集和处理信息的能力。如果获取的信息不够,机器人感知系统应主动采集为达到目标所需的信息。

机器人感知系统的构成包括距离、光线、温度、视觉、声波、红外线等传感器,各种传感器检测不同的物理量,例如距离传感器获取距离信息和位置信息,温度传感器检测温度高低,声波传感器捕捉周围环境的声音,各个传感器通力配合、缺一不可,共同构成了机器人感知系统。

2.2　机器人视觉感知

在人的各个感觉器官中,视觉是最重要的,据不完全统计,人的视觉细胞数量在数量级上约为10^8,比听觉细胞多两三千倍,是触觉细胞的一百多倍。因而可以说,人类从外界获取的信息有80%是依靠眼睛得到的。和人的视觉组织一样,机器人视觉系统在机器人的研究和应用中也占有十分重要的地位,对机器人的智能化起着决定性作用。

机器视觉是指使用机器代替人类视觉来进行物体和环境识别的技术,它主要指利用计算机来模拟人的视觉功能,从客观事物的图像或图像序列中提取信息,进行处理并加以理解,最终用于实际检测、测量和控制。按现在的理解,人类视觉系统的感受部分是视网膜,它是一个三维采样系统。三维物体的可见部分投影到视网膜上,人们按照投影到视网膜上的二维成像来对该物体进行三维理解。所谓三维理解是指对被观察对象的形状、尺寸、离开观察点的距离、质地和运动特征(方向和速度)等的理解。如果把三维客观世界到二维投影图像看作是一种正变换的话,则机器视觉系统所要做的是从这种二维投影图像到三维客观世界的逆变换,也就是根据这种二维投影图像去重建三维的客观世界。

机器人视觉传感系统借助机器视觉技术模拟人类视觉的原理,一般由以下过程组成:机器人得到识别物体的指令,控制光源向物体投射一定量的光线,物体反射的光线通过镜头进入相机成像,相机得到图像信息后传递给图像采集卡,图像采集卡将图像信息转换为数字或模拟信号传递给计算机,计算机对信号经过处理之后判断出下一步的执行动作,通过输入端口、输出端口传递指令给控制机构,指挥机器人的下一步动作(见图 2-2)。整个机器人视觉系统的工作过程和人眼的工作过程类似,镜头相当于人眼的晶状体,相机相当于人眼的视网膜,图像采集卡相当于视觉神经,而计算机则相当于人类的大脑。

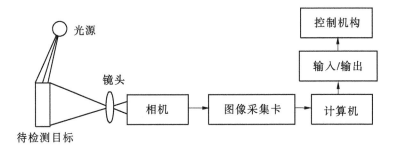

图 2-2　机器人视觉系统构成

2.2.1　相机和固体视觉传感器

相机是图像的感应单元,是获取图像的关键设备。在早期一般通过传统胶片照相机代替相机,但是这种图像采集模式非常低效,随着数字图像处理技术的进步,数码相机逐渐取代了传统相机。近年来开发了电荷耦合器件(CCD)和金属氧化物半导体器件(MOS)等固体视觉传感器。相机搭配固体视觉传感器,特别是 CCD 固体视觉传感器,其具有体积小、质量小、余晖小等优点,因此应用日趋广泛。目前已有将双 CCD 固体视觉传感器集成在灵巧手爪上的机器人系统,固体视觉传感器捕捉到的每个像素都含有距离信息的图像,称为三维视觉图像。

2.2.2　图像采集卡

图像采集卡是将相机所捕捉的图像信息进行存储和处理的设备,其可对图像采集单元的图像数据进行实时的存储,并在图像处理软件的支持下进行图像处理。图像处理系统可由 FPGA 或 DSP 等高速数字处理器来完成图像处理,用户可在 PC 机上离线编写 C 语言或汇编应用程序,或通过模块设计的专用设计检测软件,在 PC 机上调试成功后下载到视觉传感器中。

2.2.3　光源

机器人的视觉系统直接把景物转化成图像输入信号,类似于人眼成像原理,光源足够的情况下才能清楚地看见物体,因此取景部分应当能根据具体的情况自动调节光源的亮度和光圈的焦点,以便得到高质量且清晰的图像,一般通过调整以下过程实现:

(1)焦点能自动对准被观测的物体,也就是自动对焦。

(2)根据光线强弱自动调节光圈,也就是自动亮度调整。

(3)自动转动相机,使被观测物体位于视野的中央。

(4)调节光源的方向和强度,使目标物体观测得更清楚。

2.2.4　计算机处理系统

由视觉感知得到的图像信息要用计算机存储、处理和识别,根据各种目的输出处理后的结果。在早期,由于微型计算机的内存容量太小、价格也较高,因此往往另加一个图像存储器来储存图像数据。现在,除某些大规模视觉系统外,一般都使用微型计算机或小型计算机,即使是微型计算机,也能够用内存来存储图像。为了存储图像,可以使用硬盘或其他储存设备。在图像的显示方面,除在显示器上输出图形外,还可以用打印机或绘图机来输出图形。

硬件只是视觉系统的基础,想要实现若干视觉功能,图像处理软件也是不可或缺的。在机器人视觉系统中,硬件捕捉的图像需要经过软件的处理才能得到最终的结果,这个图像处理过程主要依赖于图像处理软件,一般包括图像的增强、平滑、分割、特征提取、识别与理解等功能。同时,视觉软件系统类似电脑的操作系统,可以不断地更新换代,从而适应各种应用环境。

2.3　机器人距离感知

机器人距离感知是指机器人通过不同种类的距离传感器,对周围物体的距离进行测量,从而对环境进行建模。机器人的距离感知技术在机器人自主导航、无人驾驶汽车领域有着广泛的应用。一般应用在机器人中的距离传感器主要有两种:一种是普通的点到点的距离传感器,包括超声波传感器、激光传感器等;另一种是可以对平面进行扫描的雷达系统。距离测量数据一般是一个序列,表示距离传感器在不同的位置和角度采集到的距离数据。

距离传感器被广泛地应用在各个领域,包括小型的红外距离传感器、超声波测距仪、激光测距仪、包含旋转云台的激光雷达系统,以及在舰船和飞机上使用的声呐、电子雷达和可以实现空间定位的相控阵雷达等。虽然各种距离传感器的原理、尺寸及应用范围各不相同,但是其作用机制都是通过测量,发出和障碍物反射信号的相位、时间等差别,来计算传感器到物体之间的距离。衡量距离传感器性能的指标包括测量距离、测量精度、测量时间、抗干扰能力及成本。在机器人的环境传感器领域,使用最为广泛的是超声波测距仪、激光测距仪、红外测距仪和激光雷达系统。前三种用来测量传感器到其正前方障碍物的距离,而激光雷达系统则是通过在激光距离传感器的基础上,增加了可以匀速旋转的云台,从而可以测量某一高度平面内所有障碍物到机器人的距离。机器人通过距离传感器实时地获取周围物体的距离信息,为机器人的测距、避障、导航、环境建模等应用提供了原始的数据。同时,由于激光具有时空分辨能力、探测灵敏度的优势,被广泛地应用在机器人导航和遥感遥测方面。

2.3.1 超声波测距技术

超声波测距是通过超声波发生器向某一个方向发射超声波,并记录发射时间,超声波遇到障碍物时会被反射回来,当超声波接收装置接收到反射回来的超声波时,记录接收时间。设当前超声波的传播速度是 v,超声波在空间中传播的时间是 t,由此可以计算到物体的直线距离 d:

$$d = \frac{\Delta t v}{2} \tag{2-1}$$

由于超声波的传播速度受到传播介质本身性质的影响,在空气中进行传播时,其影响因素包括温度、湿度、气压等,最关键的影响因素是空气的温度,其传播速度 v 和空气温度 T 的经验公式是:

$$v = 331.45 + 0.607T \tag{2-2}$$

为了实现超声波测距系统,需要有超声波发射、超声波接收、定时控制等模块。其距离感知模块结构如图 2-3 所示。

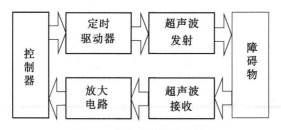

图 2-3 距离感知模块结构图

在测距系统中,控制器一般使用单片机,是整个系统的核心部件,它不仅负责控制整个系统的工作,同时也负责与上位机的通信。其工作的过程是:首先控制其输出脉冲信号到超声波传感器,然后超声波发射器发射超声波。定时器会记录从发射完第一个超声波脉冲到接收最后一个超声波脉冲所使用的时间 t,再根据当前的室内温度计算得到 v。然后通过式(2-1)计算出所测的距离。

超声波测距系统可以使用 Arduino 单片机和 HC-SR04 测距模块实现。超声波测距时序如图 2-4 所示。

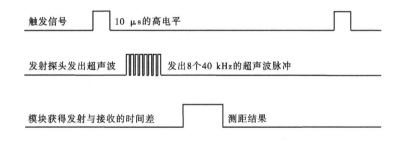

图 2-4　超声波测距时序图

首先,Arduino 通过数字引脚向 SR04 的 Trig 引脚发送超过 10 μs 的高电平信号,触发 SR04 模块;其次,该模块被触发以后会自动发送 8 个 40 kHz 的超声波脉冲,并自动检测是否有信号返回,之后 Echo 引脚通过持续输出高电平的方式来返回测量时间 t;最后由 Arduino 读入测量时间,计算距离,并通过串口总线发送到机器人的中央控制模块。

2.3.2　激光雷达测距技术

机器人感知中使用的激光雷达是指带有可旋转云台的激光距离传感器。激光距离传感器与超声波距离传感器的测距方式基本相同,是通过计算射出激光与反射回的激光的相位差来计算传感器与物体的距离。通过获取激光雷达的当前角度信息和所感知到的距离信息,以雷达所在的位置为原点建立一个平面坐标系,并获得被测量点的平面坐标。

2.4　机器人力觉感知

机器人力觉感知是指通过不同种类的力觉反馈设备,对与机器人存在接触的人或物之间的作用力进行测量,从而对交互环境进行建模。机器人的力觉感知技术在机器人装配、遥操作、服务机器人等领域有着广泛的应用。目前的力觉反馈设备根据携带性可分为桌面式和可穿戴式两类。

桌面式反馈设备是由操作者操作其控制末端,反馈设备根据检测到的末端点位置来计算作用力,操作者经过驱动装置来感知力的大小,这种设备一般是固定在桌面或地面上。目前应用得最多的是由美国 SensAble 公司生产的 PHANTOM 力(触)觉反馈设备。此设备包含一个末端带有铁笔的力反馈臂,作为主要部件,能够实现六自由度运动,其中 3 个是活跃的,可以提供平移力反馈。PHANTOM 具有三轴准运动解耦及重力自平衡等特性,并且有良好的静态特性、较高的动态响应能力,但是产生的反馈力较小。日本 Okayama 大学研究的气动并联机构可以实现力觉再现,并且这种机构承载能力较大、位置控制精度高、动力学特性好、反解容易,但是工作空间较小、正解困难、存在奇异位形。

可穿戴式反馈设备一般是需要佩戴在手上或手臂上的反馈设备,主要有电机驱动、液压驱动、气动驱动、磁力驱动和电流变体驱动等驱动形式。Virtual Technologies 公司开发的 Cyber-Grasp 是一款商用力反馈数据手套,它是在 Cyber-Glove 的基础上进行研发的,由伺服电机进行驱动,外骨架机构由钢丝绳传递力,最大可以提供 16 N 的阻尼力在手指上。与之相似的还有 Hashmioto 设计的力反馈数据手套和 Bouzit 设计的由力矩电机进行驱动的 LRP 数据手套。

捷克的 Lukas Kopecny 利用气动肌肉实现力觉再现,气动肌肉通过控制压力来产生横向力,其一端固定在支架上,另一端固定在套管上,并戴在手指上。美国 Rutger 大学研发的 Rutger Master Glove 是一种内置式多指力反馈数据手套。该手套能够连续产生 16 N 的阻尼力在每个手指上,并且摩擦较小,但是手指的运动空间会受到一定的限制。另外,还有日本 Hosei 大学研制的 Fluid Power Glove, 它也是一种驱动器内置式的数据手套。

　　美国南曼瑟迪斯特大学研究的 PHI 系统可以在手臂上实现力反馈,相对于遥操作中的主手,能够跟踪肩和肘的运动。其由 3 个正交放置的气缸来实现肩部的球关节,由 1 个气缸实现肘部关节。英国 Salford 大学设计的气动人工肌肉驱动的七自由度外骨架式力觉再现装置,可以正确地复现接触力,其中肩部有 3 个自由度,肘部和腕部分别有 2 个自由度。

　　在 Cyber-Glove 基础上,由中科院研制的点式力觉反馈系统,采用比例电磁铁驱动外骨架式力反馈装置,能够在给用户的指端加阻尼力的同时,约束手指局部关节的运动,一定程度上防止了虚拟手嵌入虚拟物体中。

第3章　机器人位姿测量

人类主要通过视觉感知周围环境,同样,机器人也是主要通过视觉传感器对应用环境进行感知。机器人位姿测量是指利用视觉等传感器获取信息,从中估计目标物体与传感器之间的距离与姿态,该技术是机器人与环境交互、虚拟现实等应用的关键组成部分。基于视觉的物体位姿估计在生产和研究中应用广泛,诸如机器人对于物体的抓取、虚拟空间与现实环境之间的交互、示教学习等应用中都需要对物体进行识别和所在空间位置的确定。

3.1　相机成像模型

相机几何成像过程实际上是把世界坐标系中的三维空间场景应用空间投影变换原理,在投影平面这个二维空间中进行表示。

3.1.1　小孔成像原理

假设相机镜头畸变很小,可以忽略不计,相机采用小孔成像模型,如图 3-1 所示,O_c 为相机的光轴中心点,II_2' 为相机的成像平面。由小孔成像原理可知,物体在成像平面 II_2' 上的像是倒实像。在将相机成像平面上的倒实像转换成数字图像时,将图像进行了放大,并将图像的方向进行了转换。因此可以认为,成像平面 II_2' 等效成成像平面 II_2,成像平面 II_2 的正像到数字图像的转换等效成放大环节。

在相机的光轴中心建立坐标系,z 轴方向平行于相机光轴,并以从相机到景物的方向为正方向,x 轴方向取图像坐标沿水平增加的方向。在相机的笛卡儿空间,设目标点 P_1 的坐标为 (x_1,y_1,z_1),P_1 在成像平面 II_2 的成像点 P_2 的坐标为 (x_2,y_2,z_2),则

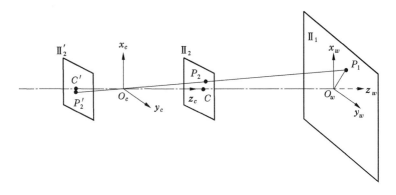

图 3-1　小孔成像原理

$$\begin{cases} \dfrac{x_1}{z_1} = \dfrac{x_2}{z_2} = \dfrac{x_2}{f} \\[2mm] \dfrac{y_1}{z_1} = \dfrac{y_2}{z_2} = \dfrac{y_2}{f} \end{cases} \tag{3-1}$$

式中　f——相机的焦距，$f = z_2$。

由射影几何原理可知，同一个图像点可以对应若干个不同的空间点。如图 3-2 所示，直线 OP 上的所有点具有相同的图像坐标。当 $z = f$ 时，点(x_{fc}, y_{fc}, f) 为图像点在成像平面上的成像点坐标。当 $z = 1$ 时，点$(x_{1c}, y_{1c}, 1)$ 为图像点在焦距归一化成像平面上的成像点坐标。

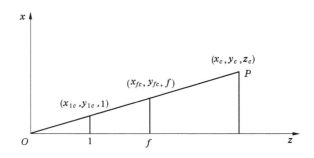

图 3-2　图像点对应的空间坐标

3.1.2　成像模型中坐标系的相互转换

在立体视觉的成像系统中,常常涉及 4 个坐标系:世界坐标系、相机坐标系、图像坐标系、像素坐标系,如图 3-3 所示。

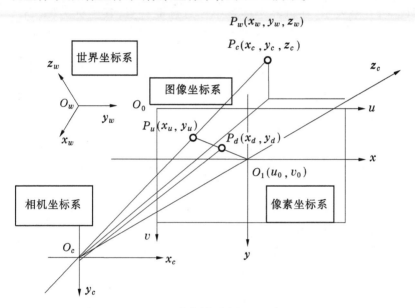

图 3-3　成像模型坐标系示意图

在成像系统中,为了更加方便地描述一个物体的位置状态,可根据物体的任意放置来定义世界坐标系 $O_w x_w y_w z_w$;而相机坐标系 $O_c x_c y_c z_c$ 是以相机光心为原点 O_c,z_c 与相机光轴平行,x_c、y_c、z_c 三个坐标轴相互正交。利用相机坐标系,来表征物体相对于相机成像中心的位置姿态关系。

图像坐标系 xOy 是一个二维的坐标系,x、y 轴都分别与 x_c、y_c 平行。在相机最终所成的图像上,建立一个二维直角坐标系 uov,原点 O_0 定义在图像的左顶点上。像素坐标系和图像坐标系都在成像平面上,只是各自的原点和度量单位不一样。图像坐标系的原点为相机光轴与成像平面的交点,通常情况下是成像平面的中点。图像坐标系的单位是 mm ,属于物理单位。而像素坐标系的单位是 pixel ,代表着每帧获得图像上的像素点在系统中存储数组的列数和行数。

世界坐标系到相机坐标系的转换:将物体从世界坐标系转换到相机坐标系的过程,属于刚性变换,即物体不会发生形变,只进行旋转和平移的变换,转换关系由一个正交旋转矩阵 $R(3 \times 3)$ 和一个平移矩阵 $T(3 \times 1)$ 来表示,在世界坐标系中任意选取一点,其坐标为 (x_w, y_w, z_w),与之对应的在相机坐标系中为 (x_c, y_c, z_c),于是

$$\begin{bmatrix} x_c \\ y_c \\ z_c \end{bmatrix} = R \begin{bmatrix} x_w \\ y_w \\ z_w \end{bmatrix} + T \quad (3-2)$$

转换成齐次的形式:

$$\begin{bmatrix} x_c \\ y_c \\ z_c \\ 1 \end{bmatrix} = \begin{bmatrix} R & T \\ 0 & 1 \end{bmatrix} \begin{bmatrix} x_w \\ y_w \\ z_w \\ 1 \end{bmatrix} \quad (3-3)$$

转换示意图如图 3-4(a)所示。

相机坐标系到图像坐标系的转换:相机坐标系中三维点坐标转换为相应相机的二维点坐标应用了节 3.1.1 的小孔成像模型,可得以下变换式:

$$z_c \begin{bmatrix} x \\ y \\ 1 \end{bmatrix} = \begin{bmatrix} f & 0 & 0 \\ 0 & f & 0 \\ 0 & 0 & 1 \end{bmatrix} \begin{bmatrix} x_c \\ y_c \\ z_c \end{bmatrix} \quad (3-4)$$

其中 (x, y) 为该点在图像坐标系中的坐标,f 为相机焦距。转换关系如图 3-4(b)所示。

图像坐标系到像素坐标系的转换:二者之间的转换如下,其中 d_x 和 d_y 表示像素坐标系中单个像素块的长度与宽度,即 1 pixel = d_x mm,则有:

$$\begin{bmatrix} u \\ v \\ 1 \end{bmatrix} = \begin{bmatrix} \dfrac{1}{d_x} & 0 & u_0 \\ 0 & \dfrac{1}{d_y} & v_0 \\ 0 & 0 & 1 \end{bmatrix} \begin{bmatrix} x \\ y \\ 1 \end{bmatrix} \quad (3-5)$$

其中 (u, v) 为该点在像素坐标系中的坐标，(x, y) 对应着在图像坐标系中已经过畸变校正之后的坐标。对应的示意图如图 3-4(c) 所示。

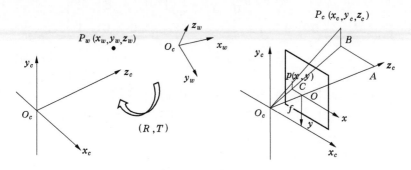

(a)世界坐标系到相机坐标系的转换   (b)相机坐标系到图像坐标系的转换

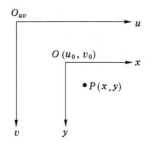

(c)图像坐标系到像素坐标系的转换

图 3-4 坐标轴之间相互转换示意图

综合上述 3 个转换过程，假设不存在畸变情况，得到世界坐标系到像素坐标系的转换关系，即相机成像模型为

$$z_c \begin{bmatrix} u \\ v \\ 1 \end{bmatrix} = \begin{bmatrix} \dfrac{1}{d_x} & 0 & u_0 \\ 0 & \dfrac{1}{d_y} & v_0 \\ 0 & 0 & 1 \end{bmatrix} \begin{bmatrix} f & 0 & 0 & 0 \\ 0 & f & 0 & 0 \\ 0 & 0 & 1 & 0 \end{bmatrix} \begin{bmatrix} R & T \\ 0 & 1 \end{bmatrix} \begin{bmatrix} x_w \\ y_w \\ z_w \\ 1 \end{bmatrix} \tag{3-6}$$

$$M_1 = \begin{bmatrix} \dfrac{1}{d_x} & 0 & u_0 \\ 0 & \dfrac{1}{d_y} & v_0 \\ 0 & 0 & 1 \end{bmatrix} \begin{bmatrix} f & 0 & 0 & 0 \\ 0 & f & 0 & 0 \\ 0 & 0 & 1 & 0 \end{bmatrix} = \begin{bmatrix} \dfrac{f}{d_x} & 0 & u_0 \\ 0 & \dfrac{f}{d_y} & v_0 \\ 0 & 0 & 1 \end{bmatrix} \quad (3\text{-}7)$$

$$M_2 = \begin{bmatrix} R & T \\ 0 & 1 \end{bmatrix} \quad (3\text{-}8)$$

式中　M_1——相机内参数矩阵,表征着相机整个成像的过程;

　　　M_2——相机外参数矩阵,联系世界坐标系与相机坐标系之间的
转换关系。

则相机成像模型可以简化为

$$z_c \begin{bmatrix} u \\ v \\ 1 \end{bmatrix} = M_1 M_2 \begin{bmatrix} x_w \\ y_w \\ z_w \\ 1 \end{bmatrix} = M_E \begin{bmatrix} x_w \\ y_w \\ z_w \\ 1 \end{bmatrix} \quad (3\text{-}9)$$

式中　M_E——3×4 的相机参数矩阵,其中包含 5 个未知相机内参数,
6 个未知相机外参数,共 11 个未知数。

$$z_c \begin{bmatrix} u \\ v \\ 1 \end{bmatrix} = \begin{bmatrix} m_{11} & m_{12} & m_{13} & m_{14} \\ m_{21} & m_{22} & m_{23} & m_{24} \\ m_{31} & m_{32} & m_{33} & m_{34} \end{bmatrix} \begin{bmatrix} x_w \\ y_w \\ z_w \\ 1 \end{bmatrix} \quad (3\text{-}10)$$

3.2　立体视觉测量原理

3.2.1　双目相机的视觉测量原理

通过对单目相机的了解,其原理为基本的透视投影原理,透视投影
是多对一的关系,位于投影线上的任何一个三维空间点都对应同一像
点,也就是说,如果我们已知目标物体上的特征点数量少于 3 个,就无

法计算得出目标物体相对于相机的深度信息。但是,若应用图 3-5 所示的双目相机,就可以消除上述情况,确定目标深度信息。

图 3-5　Bumble Bee XB2 双目相机

在理想情况下,如图 3-6(a)所示,左右目相机的焦距 f 相同,且摄像头的光轴保持平行,左右目所成的图像已消除畸变且行对准,即右相机相对于左相机只是做(T_x,0,0)的简单平移。

在标准双目成像系统的正上方观察得到图 3-6(b),在图中 P 为待成像的三维点。Z 为该点深度信息。p_l 和 p_r 为点 P 分别在左右目的成像点,视差 d 定义为 $x_l - x_r$。利用相似三角形原理可得:

$$\frac{T_x - (x_l - x_r)}{Z - f} = \frac{T_x}{Z} \Rightarrow Z = \frac{fT_x}{x_l - x_r} \Rightarrow Z = \frac{fT_x}{d} \qquad (3\text{-}11)$$

由式(3-11)即可得出深度与视差成反比关系。

利用式(3-11)得到目标深度信息的前提是标准的二维到三维坐标系统,但是现实世界中双目相机设备是不同于上述标准立体试验台的,每台相机存在各自的镜头畸变情况,并且左右相机的成像平面也非共面且行对准,所以要对双目系统进行标定与校正,目的是将相机两成像平面校正于同一平面上,且投影平面上对应的像素行位于同一行,畸变情况最小,获得理想的双目系统。

3.2.2　深度相机的视觉测量原理

相比于双目相机通过视差计算深度的方式,深度相机能够主动测量每个像的深度。图 3-7 是基于 TOF 原理的 Kinect v2 深度相机,TOF 相机与普通机器视觉成像的构造也有类似之处,两者适用的专业领域

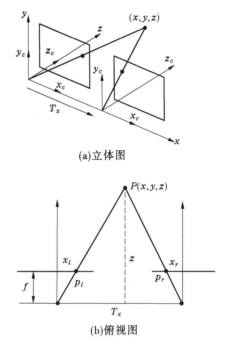

(a)立体图

(b)俯视图

图 3-6　标准双目系统

基本类似。但 TOF 相机有着不同于双目相机的测量原理与成像机理。

图 3-7　Kinect v2 深度相机

Time of Flight(TOF)字面意思是飞行时间,三维成像通过飞行时间实现,主要的过程是相机内部的脉冲发生器会连续地发出光脉冲,当接触到测量物体时光脉冲返回,接着从测量物体中返回的光被传感器接收。通过这段时间差从而得到测量物体与相机之间的距离。如图 3-8 所示,该方法与传统的三维激光传感器的测距方法类似,与三维激光传感器逐行逐列扫描的工作方式不同的是,TOF 相机是同时采集整个场景的深度信息,并转化为深度图。

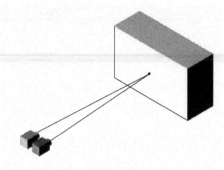

Time of Flight(TOF)

图 3-8　Kinect v2 深度相机测量示意图

在 Kinect v2 深度相机生成深度图的过程中,每个像素会接收到一个测量信号,从而可以获得目标到 Kinect v2 设备的距离。假设距离为 d,则有:

$$d = \frac{1}{2}\Delta t \times c = \frac{1}{2}\Delta\varphi \times \frac{1}{f} \times c \qquad (3\text{-}12)$$

式中　Δt ——光的飞行时间;

　　　$\Delta\varphi$ ——光的发射器与接收器之间的相位差;

　　　f ——激光的频率;

　　　c ——光传播的速度。

3.3　视觉图像特征的交互矩阵

视觉图像特征的交互矩阵也称为图像雅可比矩阵、B 矩阵。图像特征的交互矩阵描述的是图像特征变化与笛卡儿空间位姿变化之间的关系,在视觉测量、视觉伺服过程中发挥着重要作用。

基于前述的相机小孔成像模型,下面分别给出点特征、直线特征、点到直线距离及面积的交互矩阵。

3.3.1　点特征的交互矩阵

对于相机坐标系中的点(x_c, y_c, z_c),焦距归一化成像平面上的成像点坐标为$(x_{1c}, y_{1c}, 1)$。

$$\begin{cases} x_{1c} = \dfrac{x_c}{z_c} \\ y_{1c} = \dfrac{y_c}{z_c} \end{cases} \tag{3-13}$$

将式(3-13)对时间求导数,改写为矩阵形式

$$\begin{bmatrix} x_{1c} \\ y_{1c} \end{bmatrix} = \begin{bmatrix} \dfrac{1}{z_c} & 0 & -\dfrac{x_c}{z_c^2} \\ 0 & \dfrac{1}{z_c} & -\dfrac{y_c}{z_c^2} \end{bmatrix} \begin{bmatrix} x_c \\ y_c \\ z_c \end{bmatrix} = \begin{bmatrix} \dfrac{1}{z_c} & 0 & -\dfrac{x_{1c}}{z_c} \\ 0 & \dfrac{1}{z_c} & -\dfrac{y_{1c}}{z_c} \end{bmatrix} \begin{bmatrix} x_c \\ y_c \\ z_c \end{bmatrix} \tag{3-14}$$

式(3-14)为特征点在笛卡儿空间的平移运动速度与投影到成像平面空间的运动速度之间的关系。由小孔模型可知,$u_s = k_x x_{1c}$, $v_s = k_y y_{1c}$。因此,利用式(3-14)容易得到特征点在笛卡儿空间的平移运动速度与在图像平面的运动速度之间的关系。

$$\begin{bmatrix} u_s \\ v_s \end{bmatrix} = \begin{bmatrix} \dfrac{k_x}{z_c} & 0 & -\dfrac{k_x x_{1c}}{z_c} \\ 0 & \dfrac{k_y}{z_c} & -\dfrac{k_y y_{1c}}{z_c} \end{bmatrix} \begin{bmatrix} x_c \\ y_c \\ z_c \end{bmatrix} \tag{3-15}$$

相机的运动会导致3-D点在相机坐标系中的运动。3-D点在相机坐标系中的运动速度与相机在笛卡儿空间的运动速度之间的关系为

$$X_c = -v_{ca} - \omega_{ca} \times X_c \Leftrightarrow \begin{cases} x_c = -v_{cax} - \omega_{cay} z_c + \omega_{caz} y_c \\ y_c = -v_{cay} - \omega_{caz} x_c + \omega_{cax} z_c \\ z_c = -v_{caz} - \omega_{cax} y_c + \omega_{cay} x_c \end{cases} \tag{3-16}$$

式中　$X_c = [x_c, y_c, z_c]^T$——3-D点的位置向量;

$v_{ca} = [v_{cax}, v_{cay}, v_{caz}]^T$——相机的线速度向量;

$\boldsymbol{\omega}_{ca} = \left[\omega_{cax}, \omega_{cay}, \omega_{caz}\right]^{\mathrm{T}}$——相机的角速度向量。

将式(3-16)代入式(3-14),合并同类项,并应用式(3-13),即:

$$
\begin{bmatrix} \dot{x}_{1c} \\ \dot{y}_{1c} \end{bmatrix} = \begin{bmatrix} -\dfrac{1}{z_c} & 0 & \dfrac{x_{1c}}{z_c} & x_{1c}y_{1c} & -(1+x_{1c}^2) & y_{1c} \\ 0 & -\dfrac{1}{z_c} & \dfrac{y_{1c}}{z_c} & 1+y_{1c}^2 & -x_{1c}y_{1c} & -x_{1c} \end{bmatrix} \begin{bmatrix} v_{cax} \\ v_{cay} \\ v_{caz} \\ \omega_{cax} \\ \omega_{cay} \\ \omega_{caz} \end{bmatrix}
$$

$$(3\text{-}17)$$

可重写为

$$
\begin{bmatrix} x_{1c} \\ y_{1c} \end{bmatrix} = L_p \begin{bmatrix} v_{ca} \\ \omega_{ca} \end{bmatrix} \tag{3-18}
$$

其中,交互矩阵 L_p 为

$$
L_p = \begin{bmatrix} -\dfrac{1}{z_c} & 0 & \dfrac{x_{1c}}{z_c} & x_{1c}y_{1c} & -(1+x_{1c}^2) & y_{1c} \\ 0 & -\dfrac{1}{z_c} & \dfrac{y_{1c}}{z_c} & 1+y_{1c}^2 & -x_{1c}y_{1c} & -x_{1c} \end{bmatrix} \tag{3-19}
$$

在矩阵 L_p 中,计算 x_{1c} 和 y_{1c} 时,涉及相机的内参数。z_c 的值是该点相对于相机坐标系的深度。因此,采用如上形式交互矩阵的任何控制方案必须估计或近似给出 z_c 的值。

3.3.2　直线特征的交互矩阵

传统直线特征交互矩阵见式(3-20),其中 a_2、b_2、c_2 和 d_2 是含有直线的平面在相机坐标系中的方程参数,不易获得。

$$
\begin{bmatrix} \rho \\ \theta \end{bmatrix} = \begin{bmatrix} \lambda_\rho\cos\theta & \lambda_\rho\sin\theta & -\lambda_\rho\rho & (1+\rho^2)\sin\theta & -(1+\rho^2)\cos\theta & 0 \\ \lambda_\theta\cos\theta & \lambda_\theta\sin\theta & -\lambda_\theta\rho & -\rho\cos\theta & -\rho\sin\theta & -1 \end{bmatrix} \cdot
$$

$$
\begin{bmatrix} v_{ca} \\ \omega_{ca} \end{bmatrix} \tag{3-20}
$$

式中　θ、ρ——直线在成像平面内的极坐标参数,见图 3-9;

　　　λ_θ、λ_ρ——系数。

$$\lambda_\theta = \frac{(a_2\sin\theta - b_2\cos\theta)}{d_2}, \quad \lambda_\rho = \frac{(a_2\rho\cos\theta + b_2\rho\sin\theta + c_2)}{d_2}$$

$$(3\text{-}21)$$

式中　a_2、b_2、c_2、d_2——含有直线的平面方程参数,$a_2 x_c + b_2 y_c + c_2 z_c + d_2 = 0$。

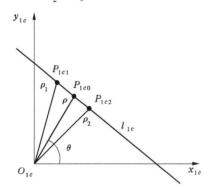

图 3-9　直线在焦距归一化成像平面的投影

　　为了摆脱需要已知平面方程参数的制约,下面基于点特征推导直线的交互矩阵。在焦距归一化成像平面的直线可表达为极坐标参数方程形式,即:

$$x_{1c}\cos\theta + y_{1c}\sin\theta = \rho \tag{3-22}$$

式中　θ——直线的垂线与图像坐标系 u 轴的夹角;

　　　ρ——相机坐标系原点在焦距归一化成像平面对应的成像点到直线的距离。

　　如图 3-9 所示,成像平面坐标系建立在焦距归一化成像平面上,其原点 O_{1c} 为相机坐标系的 z_c 轴与焦距归一化成像平面的交点,其 x_{1c} 轴与相机坐标系的 x_c 轴平行,其 y_{1c} 轴与相机坐标系的 y_c 轴平行。对于与 z_{1c} 轴不平行的特征直线,其在焦距归一化成像平面的投影为 l_{c1},原点 O_{1c} 到直线 l_{1c} 的垂线为 $O_{1c}P_{1c0}$。$O_{1c}P_{1c0}$ 的长度为直线 l_{1c} 的参数 ρ,$O_{1c}P_{1c0}$ 与 x_{1c} 轴的夹角为直线 l_{1c} 的参数 θ。O_{1c} 为 z_{1c} 轴的投影,P_{1c0} 为特征直

线上点 P_0 的投影。因此,对于与 z_{1c} 轴不平行的直线,根据特征直线上点 P_0 及附近点的变化,可以得到特征直线参数的变化。

假设特征直线上点 P_0 在相机坐标系中的坐标为 (x_{c0}, y_{c0}, z_{c0}),P_{1c0} 在相机坐标系中的坐标为 $(x_{1c0}, y_{1c0}, 1)$。P_{1c0} 点的极坐标参数 ρ_0、θ_0 与 x_{1c0}、y_{1c0} 的关系为

$$\rho_0 = \sqrt{x_{1c0}^2 + y_{1c0}^2}, \quad \theta_0 = \arctan\frac{y_{1c0}}{x_{1c0}} \tag{3-23}$$

将式(3-23)对时间求导,即:

$$\rho_0 = (x_{1c0}x_{1c0} + y_{1c0}y_{1c0})/\rho_0$$
$$\theta_0 = (x_{1c0}y_{1c0} - y_{1c0}x_{1c0})/\rho_0^2 \tag{3-24}$$

将式(3-18)代入式(3-24),并利用 $\rho_0\cos\theta$ 代替 x_{1c0},利用 $\rho_0\sin\theta$ 代替 y_{1c0},得到式(3-25)。

$$\begin{bmatrix} \rho_0 \\ \theta_0 \end{bmatrix} = \begin{bmatrix} -\dfrac{\cos\theta_0}{z_{c0}} & -\dfrac{\sin\theta_0}{z_{c0}} & \dfrac{\rho_0}{z_{c0}} & (1+\rho_0^2)\sin\theta_0 & -(1+\rho_0^2)\cos\theta_0 & 0 \\[3mm] \dfrac{\sin\theta_0}{\rho_0 z_{c0}} & -\dfrac{\cos\theta_0}{\rho_0 z_{c0}} & 0 & \dfrac{\cos\theta_0}{\rho_0} & \dfrac{\sin\theta_0}{\rho_0} & -1 \end{bmatrix} \cdot$$

$$\begin{bmatrix} v_{ca} \\ \omega_{ca} \end{bmatrix} \tag{3-25}$$

在 P_{1c0} 点附近沿投影直线 l_{1c} 对称设定两个点 P_{1c1} 和 P_{1c2},其对应的极坐标参数为 ρ_1、θ_1 和 ρ_2、θ_2,使之满足如下关系

$$\begin{cases} \theta_1 = \theta + \Delta\theta \\ \theta_2 = \theta - \Delta\theta \\ \rho_1 = \rho_2 \end{cases} \tag{3-26}$$

式中　$\Delta\theta$——角度增量,是一个接近于 0 的正数。

由图 3-9 可以发现,当相机运动时,如果 $\Delta\theta$ 接近于 0,则 ρ_0、ρ_1 和 ρ_2 的变化量比较接近。因此,可以采用 ρ_0 的变化率近似表示直线参数 ρ 的变化率。即使 θ_0 不变,但 ρ_1 和 ρ_2 的变化可以导致直线方向的变化,即导致参数 θ 的变化。例如,当 θ_0 不变而 ρ_1 增加、ρ_2 减小时,θ 变小。因此,不能采用 θ_0 的变化率代替直线参数 θ 的变化率。将用极坐标表

示的 P_{1c1} 和 P_{1c2} 代入式(3-22)直线方程,即:

$$\begin{cases} \rho_1\cos\theta_1\cos\theta + \rho_1\sin\theta_1\sin\theta = \rho \\ \rho_2\cos\theta_2\cos\theta + \rho_2\sin\theta_2\sin\theta = \rho \end{cases} \tag{3-27}$$

由式(3-27),推导出利用 P_{1c1} 和 P_{1c2} 的极坐标表示的直线参数 θ。

$$\theta = \arctan\frac{\rho_1\cos\theta_1 - \rho_2\cos\theta_2}{\rho_2\sin\theta_2 - \rho_1\sin\theta_1} \tag{3-28}$$

将式(3-28)对时间求导数,然后将式(3-26)代入求导后的表达式,化简得:

$$\theta = \frac{1}{2\rho_1}(\rho_2 - \rho_1)\cot\Delta\theta + \frac{1}{2}(\theta_1 + \theta_2) \tag{3-29}$$

将式(3-25)对应于 P_{1c1} 和 P_{1c2} 的极坐标参数变化率代入式(3-29),得到式(3-30)。

$$\theta = \begin{bmatrix} L_{\theta vx} & L_{\theta vy} & \dfrac{1}{2z_{c2}} - \dfrac{1}{2z_{c1}} & -\rho_1\cos\theta & -\rho_1\sin\theta & -1 \end{bmatrix}\begin{bmatrix} v_{ca} \\ \omega_{ca} \end{bmatrix} \tag{3-30}$$

式中 z_{c1}、z_{c2}——对应于 P_{1c1} 和 P_{1c2} 的 z_c 坐标。

$$\begin{cases} L_{\theta vx} = \dfrac{1}{2\rho_1}\left(\dfrac{\cos\theta_1}{z_{c1}} - \dfrac{\cos\theta_2}{z_{c2}}\right)\cot\Delta\theta + \dfrac{1}{2\rho_1}\left(\dfrac{\sin\theta_1}{z_{c1}} + \dfrac{\sin\theta_2}{z_{c2}}\right) \\ L_{\theta vy} = \dfrac{1}{2\rho_1}\left(\dfrac{\sin\theta_1}{z_{c1}} - \dfrac{\sin\theta_2}{z_{c2}}\right)\cot\Delta\theta - \dfrac{1}{2\rho_1}\left(\dfrac{\cos\theta_1}{z_{c1}} + \dfrac{\cos\theta_2}{z_{c2}}\right) \end{cases} \tag{3-31}$$

结合式(3-25)和式(3-30),得到直线的交互矩阵,见式(3-32)。

$$\begin{bmatrix} \dot\rho \\ \dot\theta \end{bmatrix} = \begin{bmatrix} -\dfrac{\cos\theta}{z_{c0}} & -\dfrac{\sin\theta}{z_{c0}} & \dfrac{\rho}{z_{c0}} & (1+\rho^2)\sin\theta & -(1+\rho^2)\cos\theta & 0 \\ L_{\theta vx} & L_{\theta vy} & \dfrac{1}{2z_{c2}} - \dfrac{1}{2z_{c1}} & -\rho_1\cos\theta & -\rho_1\sin\theta & -1 \end{bmatrix} \cdot$$

$$\begin{bmatrix} v_{ca} \\ \omega_{ca} \end{bmatrix} \tag{3-32}$$

对于垂直于相机光轴的直线,$z_{c1} = z_{c2}$。将 $z_{c1} = z_{c2}$ 代入式(3-31),得到 $L_{\theta vx} = 0$、$L_{\theta vy} = 0$。此时,式(3-30)改写为

$$\dot{\theta} = \begin{bmatrix} 0 & 0 & 0 & -\rho\cos\theta & -\rho\sin\theta & -1 \end{bmatrix}\begin{bmatrix} v_{ca} \\ \omega_{ca} \end{bmatrix} \qquad (3\text{-}33)$$

式(3-32)交互矩阵求取涉及的 z_{c0}、z_{c1} 和 z_{c2},可以随着相机的运动进行在线估计。但式(3-33)交互矩阵与深度无关,而且与平移无关。利用图像中直线参数 ρ 和 θ 计算出式(3-33)交互矩阵后,可以用于姿态控制。

对于平行于相机光轴的直线,其在焦距归一化平面上的投影为过原点 O_{1c} 的直线,如图 3-10 中的 l_{1c},P_{1c1} 是远离相机的点,P_{1c2} 是靠近相机的点。此时,直线上任意一点 P_{1ci} 的极坐标的 θ_i 都与直线的参数 θ 相等,即 $\theta = \theta_i$。因直线过原点,故 $\rho = 0$。

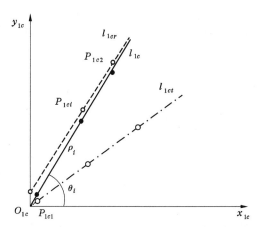

图 3-10　平行于 z_{1c} 轴的直线在焦距归一化成像平面的投影

对于平行于相机光轴的直线,假设直线与光轴之间的距离为 d。对于直线上任意一点 P_{1ci},$\rho_i = \dfrac{d}{z_{ci}}$ 成立,z_{ci} 是 P_{1ci} 的 z_c 轴坐标。将其代入式(3-25),得到直线参数 θ 的交互矩阵

$$\dot{\theta} = \begin{bmatrix} \dfrac{\sin\theta_i}{d} & -\dfrac{\cos\theta_i}{d} & 0 & \dfrac{\cos\theta_i}{\rho_i} & \dfrac{\sin\theta_i}{\rho_i} & -1 \end{bmatrix}\begin{bmatrix} v_{ca} \\ \omega_{ca} \end{bmatrix} \qquad (3\text{-}34)$$

式中 　θ_i、ρ_i——点 P_{1ci} 的极坐标。

由式(3-34)可知,当相机只沿 x_c、y_c 轴平移运动时,投影直线 l_{1c} 上

所有点的 θ 会发生相同变化,表现为 l_{1c} 绕 z_{1c} 轴旋转。例如,当相机沿 y_c 轴正向平移运动时,图 3-10 中的投影直线 l_{1c} 变为投影直线 l_{1ct},点 P_{1ci} 的极坐标 ρ_i 变小,角度 θ_i 变小。当相机只沿 z_c 轴平移运动时,投影直线参数 θ 不变。当相机只绕 x_c 或 y_c 轴旋转运动时,因投影直线上不同点的 ρ_i 不同,其对应的 θ_i 以不同的速度发生变化。如图 3-10 所示,当相机只绕 x_c 轴正向旋转运动时,直线上靠近相机的点 P_{1c2} 的 ρ_2 较大,其参数 θ_2 以较低的速度变大;直线上远离相机的点 P_{1c1} 的 ρ_1 较小,其参数 θ_1 以较高的速度变大,投影直线 l_{1c} 变为投影直线 l_{1cr}。当相机只绕 z_c 轴旋转运动时,投影直线 l_{1c} 绕 z_{1c} 轴旋转,其旋转方向与相机的旋转方向相反,其旋转速度与相机的旋转速度相同。

平行于相机光轴的直线,一旦相机绕 x_c 或 y_c 轴旋转运动,将变成不平行于相机光轴的直线。然后,其交互矩阵符合式(3-32)。在直线与相机光轴接近垂直时,$z_{c1} \approx z_{c2} \approx z_{c0}$,此时式(3-30)可用式(3-33)近似表示,可以近似认为直线参数 θ 的变化只由相机的旋转运动产生,从而实现旋转运动独立于平移运动的测量。因此,合理选择目标上的直线特征,有望在基于图像的视觉伺服中实现姿态调整的分离。

3.3.3　点到直线距离的交互矩阵

假设第 i 个特征点(x_{cpi}, y_{cpi}, z_{cpi})在焦距归一化成像平面上的成像点坐标为(x_{1ci}, y_{1ci}, 1)。在焦距归一化成像平面上,第 i 个成像点(x_{1ci}, y_{1ci}, 1)到第 j 条直线的距离为

$$d_{ij} = \rho_j - x_{1ci}\cos\theta_j - y_{1ci}\sin\theta_j \tag{3-35}$$

式中　ρ_j、θ_j——第 j 条直线的参数;

　　　　(x_{1ci}, y_{1ci})——第 i 个特征点在焦距归一化成像平面上的成像点坐标;

　　　　d_{ij}——第 i 个特征点到第 j 条直线的距离。

将式(3-35)对时间求导,有

$$\dot{d}_{ij} = \dot{\rho}_j - \dot{x}_{1ci}\cos\theta_j - \dot{y}_{1ci}\sin\theta_j + x_{1ci}\sin\theta_j\dot{\theta}_j - y_{1ci}\cos\theta_j\dot{\theta}_j \tag{3-36}$$

将式(3-18)和式(3-32)代入式(3-36),整理后得:

$$d_{ij} = \begin{bmatrix} L_{dij vx} & L_{dij vy} & L_{dij vz} & L_{dij \omega x} & L_{dij \omega y} & 0 \end{bmatrix} \begin{bmatrix} v_{ca} \\ \omega_{ca} \end{bmatrix} = L_{dij} \begin{bmatrix} v_{ca} \\ \omega_{ca} \end{bmatrix}$$

(3-37)

$$\begin{cases} L_{dij vx} = \left(-\dfrac{1}{z_{c0j}} + \dfrac{1}{z_{cpi}} \right) \cos\theta_j \\[2mm] L_{dij vy} = \left(-\dfrac{1}{z_{c0j}} + \dfrac{1}{z_{cpi}} \right) \sin\theta_j \\[2mm] L_{dij vz} = \dfrac{\rho_j}{z_{c0j}} - \dfrac{x_{1ci}}{z_{cpi}}\cos\theta_j - \dfrac{y_{1ci}}{z_{cpi}}\sin\theta_j \\[2mm] L_{dij \omega x} = (1 + \rho_j^2)\sin\theta_j - x_{1ci}y_{1ci}\cos\theta_j - (1 + y_{1ci}^2)\sin\theta_j - \\[1mm] \qquad\quad \rho_j\cos\theta_j(x_{1ci}\sin\theta_j - y_{1ci}\cos\theta_j) \\[2mm] L_{dij \omega y} = -(1 + \rho_j^2)\cos\theta_j + (1 + x_{1ci}^2)\cos\theta_j + x_{1ci}y_{1ci}\sin\theta_j - \\[1mm] \qquad\quad \rho_j\sin\theta_j(x_{1ci}\sin\theta_j - y_{1ci}\cos\theta_j) \end{cases}$$

(3-38)

式中　z_{c0j}——第 j 条特征直线上点 P_{0j} 在相机坐标系中的 z 坐标;

　　　z_{cpi}——第 i 个特征点在相机坐标系中的 z 坐标。

式(3-38)表明,相机绕 z_c 轴的旋转运动不改变第 i 个特征点到第 j 条直线的距离。此外,当 $z_{c0j} = z_{cpi}$ 时,$L_{dij vx} = 0$,$L_{dij vy} = 0$,相机沿 x_c、y_c 轴的平移不改变第 i 个特征点到第 j 条直线的距离。

3.3.4　面积的交互矩阵

在焦距归一化成像平面上,假设矩形的两个边长分别为 d_1 和 d_2,则矩形面积的变化率为

$$\dot{S} = d_1\dot{d_2} + d_2\dot{d_1}$$

(3-39)

式中　S——矩形面积;

　　　d_1、d_2——矩形的两个边长。

　　两个边长 d_1 和 d_2 ，可以看作是两组点到直线的距离。将式(3-37)代入式(3-39)，得

$$S = (L_{d1}d_2 + L_{d2}d_1) \begin{bmatrix} v_{ca} \\ \omega_{ca} \end{bmatrix} = L_s \begin{bmatrix} v_{ca} \\ \omega_{ca} \end{bmatrix} \qquad (3-40)$$

　　比较式(3-37)和式(3-39)可以发现，在同样的相机运动量的情况下，如果 $d_1 > 1$ 和 $d_2 > 1$ ，则面积 S 的变化率大于点到直线的变化率。

第 4 章　机器人视觉伺服

4.1　机器人视觉伺服的概念

现代工业的迅速发展使得机器人的应用范围不断扩大,人们希望机器人能够具备更高级的感知能力、更全面的智能行为和更强的环境适应能力,以赶上工业化进程的步伐。机器人智能感知与控制作为一门跨学科且交叉性很强的综合性新技术,涉及人工智能、自动控制理论、现代控制技术、模式识别、结构力学和材料学等学科内容,其综合控制策略和方法的研究在机器人控制理论中已越来越重要,成为提高机器人性能的关键技术之一。

近年来,视觉传感器成为机器人学科中十分重要的发展方向,由于其具有信号范围广、获取信息完整且利用率高、可以非接触地感知周围环境等特点,能为机器人提供非常丰富的外界信息,被认为是机器人学科中最重要的传感器,并得到了广泛的应用。将视觉传感器作为测量仪器来测量机器人末端执行器或是目标物体的位置,利用反馈的视觉信息来控制机器人末端执行器相对目标物体的位姿,这一过程称为视觉伺服(visual servo)。视觉伺服控制技术构成了机器人的位置闭环控制,增强了机器人系统的感知能力和控制精度,为提高机器人在未知环境中自动做出智能行为的能力提供了借鉴依据。

目前,机器人视觉伺服技术已逐渐在工业生产中显现出其应用价值,涵盖了太空区域探索、邮件分拣系统、货物搬运与装配、轨线跟踪,以及机器人焊接、喷漆等应用场合,尤其在一些人类不易到达或操作难度高、危险性大的环境区域。利用具有视觉伺服功能的机器人不仅可以与之进行信息交互,完成任务,更重要的是可以降低人类的劳动强度并减少伤亡率,大大提高了安全性。随着图像采集与信息处理、计算机控制技术的发展及相关硬件产品性价比的不断提高,视觉伺服控制技术必将会在机器人控制系统中发挥出越来越重要的作用,进一步增强机器人在陌生环境中完成伺服任务的智能性、可靠性和灵活性。

4.2　机器人视觉伺服系统的组成和分类

　　机器人视觉伺服控制是指视觉传感器通常用相机作为测量仪器,以得到的图像信息作为反馈输入,构造机器人的位置闭环反馈。视觉伺服系统由视觉控制器和机构本体两部分构成。控制系统根据操作者的命令对机器人本体进行操作和控制,完成伺服任务。其系统结构如图 4-1 所示。

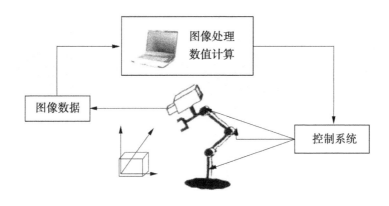

图 4-1　机器人视觉伺服系统结构图

　　视觉伺服通过自动获取与分析图像来实现对机器人的控制。它从提高机器人对环境的适应性及快速反应能力的角度出发,对得到的图像信息进行图像处理,系统根据反馈信息产生控制决策,驱动机器人做相应的控制或自适应调整。

　　由于视觉伺服包含机器人建模、实时系统、控制理论、传感器融合及计算视觉等多种研究领域的融合,因此根据不同的研究角度,可将机器人视觉伺服系统进行不同类型的划分,目前主要存在以下几种分类方式。

根据相机数目的不同,可将机器人视觉伺服系统分为单目视觉伺服系统、双目视觉伺服系统及多目视觉伺服系统。单目视觉伺服系统的稳定性最佳且应用最为广泛。然而,在视觉伺服的过程中,单目视觉无法直接得到目标的深度信息,一般需通过机器人的移动或通过辅助测距传感器(红外传感器、激光传感器等)获得深度,精度相对较低,通常不适用于对深度信息要求高的视觉伺服任务。双目视觉伺服系统与多目视觉伺服系统均可以通过极线几何原理直接获得目标的深度信息,其中多目视觉伺服系统,易于多角度地观测目标,从而得到更为全面的视觉信息,尤其对于大体积工件的视觉伺服任务可以获得很好的控制效果。然而,双目视觉伺服系统与多目视觉伺服系统的手眼标定及各相机间的坐标变换关系更为复杂,且需要设计更加有效的视觉控制器对机器人进行控制,这使得系统的稳定性较单目视觉伺服系统来说较差。

根据相机放置位置的不同,可将机器人视觉伺服系统分为手眼系统和固定相机系统。手眼系统的相机固定安装在机器人手臂末端,测量周围环境中的目标信息,并在机器人工作过程中随机器人一起运动,从而准确地获得目标在工作空间中的位置,实现对机器人的精确控制。但由于相机视角有限,可以观测到的工作空间场景较小,不能保证目标一直处于视场中,有时会出现目标丢失的现象;另外,由于手眼系统只能观察到目标而无法观察到机械手的末端,为了实现对目标的定位或跟踪任务,需要预先确定机器人的运动学模型及手眼标定关系来计算目标与机械手末端执行器的相对位姿关系,对手眼标定误差与机器人模型误差较为敏感。固定相机系统则是将相机固定安装在机器人本体之外,在机器人工作过程中不随机器人的运动而运动。在此种结构下可以预先调整相机的角度,以获得较大范围的视野,同时观测目标与机械手末端的相对位置关系,从而控制机器人的运动。该结构不易出现目标丢失的现象,然而机器人的运动可能造成目标图像的遮挡,同时,当相机与目标距离较远而相机精度不高的情况下,会产生较大的绝对误差,导致机器人无法到达期望位姿。

根据测量方式进行分类,可将视觉伺服分为被动视觉和主动视觉。

被动视觉是指在相机参数不变、不主动改变环境照明条件下的视觉测量。主动视觉则根据利用特定的光源照射被测目标实现视觉测量,或通过改变相机的内外参数实现视觉测量,其又可分为结构光主动视觉和变参数主动视觉。在工业机器人领域,结构光主动视觉测量通常采用相机获取激光器投射到工件表面的视觉特征,并利用三角测量原理求取特征点的三维坐标信息,实现简单、成本低、实时性好,但精度较低且标定困难。变参数主动视觉测量可在相机运动已知的条件下,通过运动前后两幅图像中两个或两个以上的可匹配图像点对,实现对任意空间点三维位置的测量;也可在相机透镜直径已知的前提下,通过相机的聚焦、离焦改变景物点的光斑大小,实现对景物点的三维位置测量。

根据是否用视觉信息直接控制机器人关节角,可将视觉伺服分为双环动态系统和直接视觉伺服系统。双环动态系统结构将机器人的控制分为两个部分,首先利用视觉信息为机器人末端执行器在三维笛卡儿空间的速度提供输入变量,然后再经由内环的关节速度控制器控制机械手的运动,使机器人达到稳定控制。该方法不考虑机器人的非线性动力学,仅在机器人运动学的基础上设计视觉控制器。而直接视觉伺服系统通过视觉伺服控制器直接控制机器人关节角的运动,无须通过机器人末端速度进行转换,可在设计控制器的时候考虑机器人动力学。然而,由于机器人通常配备关节速度控制器的接口,同时为了协调图像处理速度与机器人控制速度之间的偏差,目前多数视觉伺服控制的研究均采用双环动态系统的方式。

根据视觉误差信号的选择,还可将视觉伺服分为基于位置的视觉伺服、基于图像的视觉伺服和混合视觉伺服三种。典型的视觉伺服任务通常包含定位与跟踪两种形式,定位是用来将机器人对准目标,跟踪则是将机器人与运动目标保持一个期望的常数关系。然而,无论哪种形式,均需通过视觉信息测量机器人当前位姿与期望位姿之间的误差。视觉伺服中的视觉信息包含用于图像坐标系的二维信息与目标相对于相机坐标系的三维姿态信息,基于位置的视觉伺服、基于图像的视觉伺服,以及将二者结合的混合视觉伺服即据此划分。

基于位置的视觉伺服(position-based visual servoing)是根据相机提

取得到的视觉信息,根据空间几何原理,通过目标的几何模型、相机模型及手眼标定关系估计目标与机器人末端执行器之间的相对位姿关系,确定机器人末端执行器的当前位姿和期望位姿之间的误差,进而在笛卡儿空间控制机器人的运动,使其逐步达到期望位姿(见图 4-2)。由于基于位置的机器人视觉伺服需要对获取的视觉特征进行三维重构,并根据三维误差信号控制机器人操作。其优点在于视觉误差信号和系统输入信号均为空间位姿,路径规划及控制器的设计比较简单,也可以避免机器人奇异值的出现。另外,它把视觉重构问题从机器人控制中分离出来,这样可以分别对二者进行研究,是最直观的处理方法。

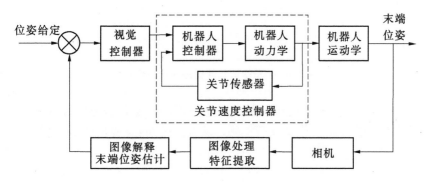

图 4-2　基于位置的视觉伺服结构框图

基于图像的视觉伺服(image-based visual servoing),其误差信号定义在二维图像特征空间,将相机提取到的视觉特征信息直接用于反馈,控制机器人的运动(见图 4-3)。该方法需要在线计算图像雅可比矩阵或复合雅可比矩阵(即图像雅可比矩阵与机器人雅可比矩阵的乘积,复合雅可比矩阵描述了关节角的差分运动与图像特征差分运动之间的关系)。由于基于图像的机器人视觉伺服在图像特征空间构成控制闭环,无须对图像进行三维重建,相对于基于位置的视觉伺服来说,相机的标定误差仅影响伺服控制律的收敛速度,控制精度高,一般情况下可以得到满意的控制效果。基于图像的视觉伺服方法的缺点为图像雅可比矩阵或复合雅可比矩阵的奇异值问题,这对于使用图像雅可比矩阵逆矩阵的控制律来说,会导致不稳定点的出现。此外,图像雅可比矩阵的估计需要了解相机的内参数与外参数,对于单目视觉伺服而言,目标深度信息的估计也是一个需要解决的问题。

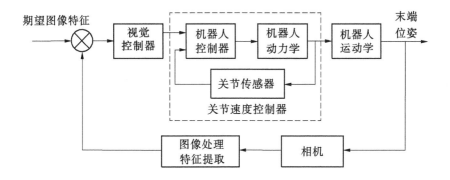

图 4-3　基于图像的视觉伺服结构框图

　　针对基于位置的视觉伺服和基于图像的视觉伺服方法存在的缺点,人们提出了混合视觉伺服方法。该方法因 Malis 提出的 2.5D 视觉伺服方法而受到广泛探讨,2.5D 视觉伺服结构如图 4-4 所示,根据带比例因子的欧几里德重建原理,计算当前图像特征与期望图像特征之间的单应性矩阵,并利用基于位置的视觉伺服控制一部分自由度,同时利用基于图像的视觉伺服控制另一部分自由度。此外,日本机器人专家 Deguchi 也提出了类似的视觉伺服方法,其思想与 2.5D 视觉伺服方法一致,只是在单应性矩阵分解上采用不同的方法。然而,此类方法需要在线计算和分解当前图像特征与期望图像特征之间的单应性矩阵,具有较大的计算复杂度和计算量,且对图像噪声敏感。

　　综上所述,基于位置的视觉伺服控制、基于图像的视觉伺服控制和混合视觉伺服控制在机器人视觉伺服的发展过程中得到了专家学者的广泛关注。其中,基于位置的视觉伺服将三维重构问题与机器人末端执行器控制问题分开考虑,使控制系统的输入误差信号与被控对象的关节输入信号都为空间位姿,避免了机器人控制过程中奇异值的出现。但是目前该系统较少应用于实际工程中,主要原因在于基于位置的视

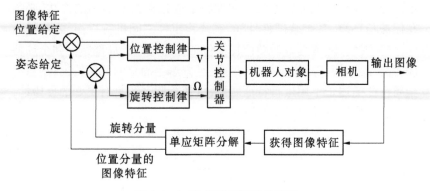

图4-4 2.5D视觉伺服结构框图

觉伺服控制需要利用二维平面信息进行三维重构,而在图像的三维重构过程中,系统的标定误差和机器人的模型误差都直接影响重构数据的准确性,使系统的控制效果对标定误差极为敏感,且系统抵御扰动与测量误差干扰的能力较差。混合视觉伺服的平移控制与旋转控制相互影响,不利于视觉伺服控制系统的稳定。基于图像的视觉伺服控制利用当前二维图像与期望二维图像的差值代替三维重建过程,相对于另外两种视觉伺服控制方法来说,相机的标定误差仅影响伺服控制律的收敛速度,系统的控制精度较高,控制器设计的灵活性大,一般情况下可以得到满意的控制效果,因此在视觉伺服领域得到了最为广泛的关注。

4.3 机器人视觉伺服控制方法

将视觉信息作为反馈传感信号对机器人进行控制,是机器人视觉伺服系统中一个显著的特点。虽然视觉传感器具有信号范围大、可以非接触地感知周围环境等优点,但也有着很明显的缺点:固有的时滞特性,相机精度不高,采样速率较低,对环境噪声的干扰比较敏感等。为了克服这些缺点,控制方法的选取和控制系统的设计在视觉伺服系统中显得越来越重要。

在不同的发展阶段,根据具体环境的不同,视觉伺服系统可以选取不同的图像特征及控制方法。图像特征的选取没有通用的方法,必须在任务与环境、系统软硬件性能、系统稳定性之间进行权衡,才能做出合适的选择。通常选取的图像特征包括目标物体的局部特征和全局特征两类,局部特征是指特征点、直线、正方形等简单的几何特征;图像的全局特征描述子不用进行特征匹配,可使控制系统具有更好的鲁棒性,如傅里叶描述子、图像矩、光流等。

由于机器人需要执行任务的难易程度不同,对视觉伺服控制性能的要求也有所不同,因此可选择的控制方法种类也有很多。下面对常用的机器人视觉伺服控制方法进行介绍。

4.3.1　PID 控制法

传统 PID 控制法一般将图像特征误差 e 作为闭环系统的输入部分,而闭环系统的输出部分一般用 u 表示,传统 PID 控制法的具体形式如下:

$$u = K_P e(k) + K_I \sum e(k) + K_D [e(k) - e(k-1)] \qquad (4\text{-}1)$$

式中　K_P、K_I、K_D——表示比例系数、积分系数、微分系数。

将二维图像特征差值 e 引入到伺服控制系统中,等价于将 K_P 看作单位矩阵。由于 e、u 可以在不同的空间坐标系中表示,一般情况下,机器人的控制量输入在机器人工作空间或机器人关节空间中表示,所以在对机器人进行控制时必须计算机器人自身的微分雅可比矩阵和图像雅可比矩阵。

4.3.2　任务函数法

视觉伺服控制中的任务函数一般定义为

$$e[r(t)] = C\{S[r(t)] - S_d\} \qquad (4\text{-}2)$$

式中　$r(t)$——机器人末端执行器与目标物体间的相对位姿;

　　　S_d——目标物体期望到达的特征集合;

　　　$S[r(t)]$——相机采集的当前特征集合;

　　　C——常规矩阵,使视觉控制器可以对冗余的图像特征信息进行控制。

4.3.3　状态空间描述法

将图像特征空间中的向量作为系统状态变量,建立特征向量当前值到特征向量期望值的状态方程,通过求解状态方程来完成机器人的控制任务。

假设系统状态变量 φ 为图像特征空间中的特征向量,系统输出 $\varphi(k)$ 为 φ 的视觉测量值。令 $x(k) = x_d(k) = u(k)$,当系统状态变量连续且控制周期 T 足够小时,则存在如下状态空间描述为

$$\begin{cases} \varphi(k+1) = A\varphi(k) + Bu(k) + Ed(k) + Hv(k) \\ \varphi(k) = Cq^{-d\varphi(k)} + Dw(k) \end{cases} \tag{4-3}$$

式中　$A = C = H = I$、$B = E = T$、$d(k) = -p_0(k)$——目标物体的运动;

q^{-d}——延迟因子;

$v(k)$、$w(k)$——表示系统的模型噪声和量测噪声。

4.3.4　图像差控制法

PID 控制法、任务函数法、状态空间描述法都需要从图像中将特征点信息提取出来,并将图像特征向量当前值与期望值的差值作为反馈信息,视觉系统被孤立于伺服闭环系统之外,影响了图像特征点提取的准确度,进而影响了视觉伺服控制系统的性能指标。图像差控制法利用图像特征的实际值和期望值的差值引导机器人末端执行器运动,闭环控制系统的输入与被控量都是二维图像,减少了目标物体位姿变换环节。

4.4　机器人视觉伺服应用

根据第 3 章介绍的图像特征交互矩阵,利用点、直线和面积等多种视觉特征,采用基于敏感图像特征的视觉伺服控制方法,实现机器人末端和目标的六自由度对准。

4.4.1　机器人视觉伺服实验平台

机器人视觉伺服实验平台如图4-5所示,采用手眼系统,包括一台六自由度机械臂、一台 CCD 相机和对准目标。

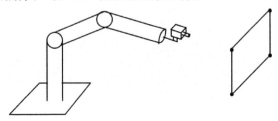

图 4-5　机器人视觉伺服实验平台示意图

机械臂采用日本安川公司生产的 UP6 机器人,它包括机器人本体、示教编程器、YASNAC-XRC-UP6 控制柜及外部设备。其中,机器人本体具有 6 个自由度,各个关节均为旋转关节,由交流伺服电机驱动,其重复定位精度可达 0.08 mm,最大载荷为 6 kg。机械臂 6 个旋转关节分别用 S、L、U、R、B 和 T 表示,UP6 机械臂转轴旋转范围如表4-1所示。

表 4-1　UP6 机械臂转轴旋转范围

转轴	旋转范围
S	$-170° \sim +170°$
L	$-90° \sim +150°$
U	$-170° \sim +190°$
R	$-180° \sim +180°$
B	$-225° \sim +45°$
T	$-360° \sim +360°$

CCD 相机使用大恒有限公司生产的水星系列相机 MER-200-14Gx,相机分辨率为 1 628 × 1 236 像素,像素物理尺寸为 4.4 μm ×

4.4 μm，最大帧率为 14 fps，相机自重 42 g。

平台使用了四种坐标系，如图 4-6 所示，机器人基坐标系、机器人末端坐标系、相机坐标系和图像坐标系。机器人基坐标系 $O_R x_R y_R z_R$ 建在机器人基座中心，其 y_R 轴沿水平方向，z_R 轴垂直向上。机器人末端坐标系 $O_E x_E y_E z_E$ 建在机器人末端法兰盘中心，初始状态下其 z_E 轴与 y_R 轴平行，方向相反，其 y_E 轴与 z_R 轴平行，方向相反。摄像坐标系 $O_c x_c y_c z_c$ 建立在相机的光轴中心点处，其 z_c 轴沿光轴指向景物方向，其 x_c 轴平行于其图像坐标系的横轴，其 y_c 轴平行于其图像坐标系的纵轴。Ouv 是相机对应的图像坐标系。

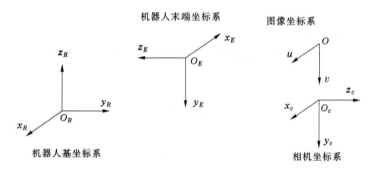

机器人末端坐标系　　　图像坐标系

机器人基坐标系　　　　相机坐标系

图 4-6　平台坐标系示意图

4.4.2　基于直线交互矩阵的姿态控制

由节 3.3.2 的分析可知，对于与相机光轴近似垂直的直线，相机的平移运动对直线斜率的影响较小，直线斜率的变化主要受相机的旋转运动影响。因此，可以选择直线角度 θ 的变化作为表征相机旋转运动的敏感图像特征。利用至少 3 条直线，根据期望角度 θ_j^d 和当前角度 θ_j 的偏差控制相机的旋转运动，即：

$$\begin{bmatrix} \dot{\theta}_1 \\ \vdots \\ \dot{\theta}_m \end{bmatrix} = \begin{bmatrix} -\rho_1\cos\theta_1 & -\rho_1\sin\theta_1 & -1 \\ \vdots & \vdots & \vdots \\ -\rho_m\cos\theta_m & -\rho_m\sin\theta_m & -1 \end{bmatrix} \begin{bmatrix} \omega_{cax} \\ \omega_{cay} \\ \omega_{caz} \end{bmatrix} = L_{lw} \begin{bmatrix} \omega_{cax} \\ \omega_{cay} \\ \omega_{caz} \end{bmatrix} \quad (4\text{-}4)$$

式中 L_{lw}——直线角度与相机旋转运动的交互矩阵;

$\omega_{ca} = \left[\omega_{cax}, \omega_{cay}, \omega_{caz} \right]^{\mathrm{T}}$——相机的角速度向量。

在能准确提取出至少 3 条直线特征的参数时,由式(4-4)可得:

$$\begin{bmatrix} \omega_{cax} \\ \omega_{cay} \\ \omega_{caz} \end{bmatrix} = L_{lw}^{+} \begin{bmatrix} \dot{\theta}_1 \\ \vdots \\ \dot{\theta}_m \end{bmatrix} \tag{4-5}$$

式中 L_{lw}^{+}——L_{lw} 的伪逆。

$$L_{lw}^{+} = \left(L_{lw}^{\mathrm{T}} L_{lw} \right)^{-1} L_{lw}^{\mathrm{T}} \tag{4-6}$$

式中 L_{lw}^{T}——L_{lw} 的转置。

为了实现误差的指数规律下降,误差变化率和误差之间的关系为

$$\dot{e} = -\lambda e \tag{4-7}$$

对式(4-7)积分求解,得到误差函数:

$$e(t) = e_0 e^{-\lambda t} \tag{4-8}$$

由于 $\lambda > 0$,当 t 趋向无穷大时,$e^{-\lambda t}$ 趋向于 0,因此控制系统能够稳定收敛。

基于上述规律,将误差变化率和误差代入式(4-7),结合式(4-4)和式(4-5),设计出姿态控制律为

$$\begin{bmatrix} \omega_{cax} \\ \omega_{cay} \\ \omega_{caz} \end{bmatrix} = -\lambda_w L_{lw}^{+} \begin{bmatrix} \Delta\theta_1 \\ \vdots \\ \Delta\theta_m \end{bmatrix} = -\lambda_w L_{lw}^{+} \begin{bmatrix} \theta_1^d - \theta_1 \\ \vdots \\ \theta_m^d - \theta_m \end{bmatrix} \tag{4-9}$$

式中 λ_w——调整系数。

4.4.3 基于点、面交互矩阵的平移控制

由节 3.3.1 式(3-17)可以发现,相机 6 个自由度的运动均会引起点特征坐标的变化。由于受相机视角的限制,$x_{1c} < 1$ 和 $y_{1c} < 1$ 成立。因此,对于平移运动,点特征 x 坐标的变化对沿 x 轴的运动比较敏感,点特征 y 坐标的变化对沿 y 轴的运动比较敏感,但点特征 x、y 坐标对

沿 z 轴的运动不敏感；对于旋转运动，点特征 x 坐标的变化对绕 y、z 轴的旋转比较敏感，对绕 x 轴的旋转不敏感，点特征 y 坐标的变化对绕 x、z 轴的旋转比较敏感，对绕 y 轴的旋转不敏感。基于点特征对平移运动的敏感性，而且面积特征对沿 z 轴的平移非常敏感，本书使用点特征和面积特征进行平移控制。

4.4.3.1 旋转运动引起的平移变化

由于相机的旋转运动对点特征具有很大影响，在相机的旋转运动后，点特征的坐标会发生较大变化。为了得到精确的图像特征偏差，需要对相机旋转运动引起的点特征变化进行补偿。由于旋转控制和平移控制分离，且平移控制对点特征坐标变化有较大影响，所以通过控制相机进行平移运动来补偿旋转运动引起的点特征变化。

由节 3.3.1 式(3-17)可得，点特征受旋转运动引起的坐标变化如下：

$$\begin{bmatrix} \dot{x}_{1cw} \\ \dot{y}_{1cw} \end{bmatrix} = \begin{bmatrix} x_{1c}y_{1c} & -(1+x_{1c}^2) & y_{1c} \\ 1+y_{1c}^2 & -x_{1c}y_{1c} & -x_{1c} \end{bmatrix} \begin{bmatrix} \omega_{cax} \\ \omega_{cay} \\ \omega_{caz} \end{bmatrix} \qquad (4\text{-}10)$$

因此，由旋转运动引起的 n 个特征点的变化为

$$\begin{bmatrix} \dot{x}_{1c1w} \\ \dot{y}_{1c1w} \\ \vdots \\ \dot{x}_{1cnw} \\ \dot{y}_{1cnw} \end{bmatrix} = \begin{bmatrix} x_{1c1}y_{1c1} & -(1+x_{1c1}^2) & y_{1c1} \\ 1+y_{1c1}^2 & -x_{1c1}y_{1c1} & -x_{1c1} \\ \vdots & \vdots & \vdots \\ x_{1cn}y_{1cn} & -(1+x_{1cn}^2) & y_{1cn} \\ 1+y_{1cn}^2 & -x_{1cn}y_{1cn} & -x_{1cn} \end{bmatrix} \begin{bmatrix} \omega_{cax} \\ \omega_{cay} \\ \omega_{caz} \end{bmatrix} = L_{xw} \begin{bmatrix} \omega_{cax} \\ \omega_{cay} \\ \omega_{caz} \end{bmatrix}$$

$$(4\text{-}11)$$

式中 L_{xw}——点特征与旋转运动的交互矩阵。

由节 3.3.1 式(3-17)可得，平移运动对点特征的坐标变化影响如下：

$$
\begin{bmatrix} \dot{x}_{1cv} \\ \dot{y}_{1cv} \end{bmatrix} = \begin{bmatrix} -\dfrac{1}{z_c} & 0 & \dfrac{x_{1c}}{z_c} \\ 0 & -\dfrac{1}{z_c} & \dfrac{y_{1c}}{z_c} \end{bmatrix} \begin{bmatrix} v_{cax} \\ v_{cay} \\ v_{caz} \end{bmatrix} \tag{4-12}
$$

因此,为了补偿旋转运动引起的 n 个特征点的变化,需要的相机平移运动量如下:

$$
\begin{bmatrix} v_{cawx} \\ v_{cawy} \\ v_{cawz} \end{bmatrix} = L_{xv}^{+} \begin{bmatrix} \dot{x}_{1c1w} \\ \dot{y}_{1c1w} \\ \vdots \\ \dot{x}_{1cnw} \\ \dot{y}_{1cnw} \end{bmatrix} \tag{4-13}
$$

$$
L_{xv} = \begin{bmatrix} -\dfrac{1}{z_{cp1}} & 0 & \dfrac{x_{1c1}}{z_{cp1}} \\ 0 & -\dfrac{1}{z_{cp1}} & \dfrac{y_{1c1}}{z_{cp1}} \\ \vdots & \vdots & \vdots \\ -\dfrac{1}{z_{cpn}} & 0 & \dfrac{x_{1cn}}{z_{cpn}} \\ 0 & -\dfrac{1}{z_{cpn}} & \dfrac{y_{1cn}}{z_{cpn}} \end{bmatrix} \tag{4-14}
$$

式中　L_{xv}——点特征与平移运动的交互矩阵;

　　　z_{cpi}——第 i 个点特征的 z_c 坐标。

4.4.3.2　旋转运动引起的面积变化

由节 3.3.4 式(3-40)可知,相机绕 z_c 轴的旋转运动不引起面积变化。此外,当 $z_{c0j} = z_{cpi}$ 时,相机沿 x_c、y_c 轴的平移也不引起面积变化。因此,只有相机沿 z 轴的平移运动,以及绕 x、y 轴的旋转运动对面积变化

具有显著影响。由节 3.3.4 式(3-37)、式(3-38)及式(3-40),得到旋转
运动引起的面积的变化率为

$$
\begin{bmatrix} {}^1\dot{S}_w \\ \vdots \\ {}^k\dot{S}_w \end{bmatrix} = \begin{bmatrix} {}^1L_{d1wx}{}^1d_2 + {}^1L_{d2wx}{}^1d_1 & {}^1L_{d1wy}{}^1d_2 + {}^1L_{d2wy}{}^1d_1 \\ \vdots & \vdots \\ {}^kL_{d1wx}{}^kd_2 + {}^kL_{d2wx}{}^kd_1 & {}^kL_{d1wy}{}^kd_2 + {}^kL_{d2wy}{}^kd_1 \end{bmatrix} \begin{bmatrix} \omega_{cax} \\ \omega_{cay} \end{bmatrix}
$$

$$
= L_{sw} \begin{bmatrix} \omega_{cax} \\ \omega_{cay} \end{bmatrix} \tag{4-15}
$$

式中　${}^kS_w$——相机旋转运动引起的第 k 个特征面积的变化。

4.4.3.3 深度估计

在使用点特征交互矩阵时,需要估计特征点深度;在使用面积特征
交互矩阵时,需要估计特征直线垂点的深度。

由式(3-17)可得:

$$
\begin{cases}
\dot{x}_{1ci} = -\dfrac{1}{z_{cpi}}v_{cax} + \dfrac{x_{1ci}}{z_{cpi}}v_{caz} + x_{1ci}y_{1ci}\omega_{cax} - (1 + x_{1ci}^2)\omega_{cay} + y_{1ci}\omega_{caz} \\[4mm]
\dot{y}_{1ci} = -\dfrac{1}{z_{cpi}}v_{cay} + \dfrac{y_{1ci}}{z_{cpi}}v_{caz} + (1 + y_{1ci}^2)\omega_{cax} - x_{1ci}y_{1ci}\omega_{cay} - x_{1ci}\omega_{caz}
\end{cases}
$$

$$\tag{4-16}$$

因此,可以根据相机的运动速度和特征点的运动速度估计特征点
的深度,由式(4-11)和式(4-16)可得:

$$
z_{cpi} = \frac{1}{2} \frac{x_{1ci}v_{caz} - v_{cax}}{\dot{x}_{1ci} - x_{1ci}y_{1ci}\omega_{cax} + (1 + x_{1ci}^2)\omega_{cay} - y_{1ci}\omega_{caz}} +
$$

$$
\frac{1}{2} \frac{y_{1ci}v_{caz} - v_{cay}}{\dot{y}_{1ci} - (1 + y_{1ci}^2)\omega_{cax} + x_{1ci}y_{1ci}\omega_{cay} + x_{1ci}\omega_{caz}} \tag{4-17}
$$

由式(3-32)可得

$$
\dot{\rho}_j = -\frac{\cos\theta_j}{z_{c0j}}v_{cax} - \frac{\sin\theta_j}{z_{c0j}}v_{cay} + \frac{\rho_j}{z_{c0j}}v_{caz} + (1 + \rho_j^2)\sin\theta_j\omega_{cax} -
$$

$$
(1 + \rho_j^2)\cos\theta_j\omega_{cay} \tag{4-18}
$$

因此,可以根据相机的运动速度和特征直线的参数变化率估计特征直线垂点的深度, 由式(4-18)可得

$$z_{c0j} = \frac{\rho_j v_{caz} - \cos\theta_j v_{cax} - \sin\theta_j v_{cay}}{\dot{\rho}_j - (1 + \rho_j^2)\sin\theta_j \omega_{cax} + (1 + \rho_j^2)\cos\theta_j \omega_{cay}} \quad (4\text{-}19)$$

需要指出的是,在估计特征点和特征直线垂点的深度时,需要用到相机运动前后的特征参数和相机运动量。因此,在处理第一帧图像时,只提取特征参数,然后使机器人主动运动;在得到第二帧图像时,根据主动运动前后的特征参数和相机主动运动量,进行深度估计。

4.4.3.4　平移控制律

结合式(4-12)、式(3-40)和式(4-15),设计出的平移控制律为

$$[v_{capx} \quad v_{capy} \quad v_{capz}]^T = -\lambda_v L_{xsv}^+ [\Delta x_{1c1} \quad \Delta y_{1c1} \quad \cdots \quad \Delta x_{1cn} \quad \Delta y_{1cn}$$

$$\Delta S_1 - \Delta^1 S_w \quad \cdots \quad \Delta S_k - \Delta^k S_w]^T \quad (4\text{-}20)$$

式中　L_{xsv}——点特征、面特征与平移运动的交互矩阵;

　　　λ_v——调整系数;

　　　$(\Delta x_{1cn}, \Delta y_{1cn})$——第 n 个点特征在归一化平面坐标的期望值$(x_{1cnd},$
　　　　　　$y_{1cnd})$与当前值(x_{1cn}, y_{1cn})的差值;

　　　ΔS_k——第 k 个面积特征在归一化平面的期望值$^k S_d$与当前值$^k S$的
　　　　　　差值;

　　　$\Delta^k S_w$——相机旋转运动引起的第 k 个面积特征的变化量。

$$L_{xsv} = \begin{bmatrix} -\dfrac{1}{z_{cp1}} & 0 & \dfrac{x_{1c1}}{z_{cp1}} \\[2mm] 0 & -\dfrac{1}{z_{cp1}} & \dfrac{y_{1c1}}{z_{cp1}} \\[2mm] \vdots & \vdots & \vdots \\[2mm] -\dfrac{1}{z_{cpn}} & 0 & \dfrac{x_{1cn}}{z_{cpn}} \\[2mm] 0 & -\dfrac{1}{z_{cpn}} & \dfrac{y_{1cn}}{z_{cpn}} \\[2mm] {}^1 L_{d1vx}{}^1 d_2 + {}^1 L_{d2vx}{}^1 d_1 & {}^1 L_{d1vy}{}^1 d_2 + {}^1 L_{d2vy}{}^1 d_1 & {}^1 L_{d1vz}{}^1 d_2 + {}^1 L_{d2vz}{}^1 d_1 \\[2mm] \vdots & \vdots & \vdots \\[2mm] {}^k L_{d1vx}{}^k d_2 + {}^k L_{d2vx}{}^k d_1 & {}^k L_{d1vy}{}^k d_2 + {}^k L_{d2vy}{}^k d_1 & {}^k L_{d1vz}{}^k d_2 + {}^k L_{d2vz}{}^k d_1 \end{bmatrix} \quad (4\text{-}21)$$

式中　z_{cpi}——第 i 个点特征的 z_c 坐标。

将式(4-14)和式(4-20)结果合并,得到机器人的平移运动速度

$$\begin{bmatrix} v_{cax} & v_{cay} & v_{caz} \end{bmatrix}^{\mathrm{T}} = \begin{bmatrix} v_{capx} & v_{capy} & v_{capz} \end{bmatrix}^{\mathrm{T}} + \begin{bmatrix} v_{cawx} & v_{cawy} & v_{cawz} \end{bmatrix}^{\mathrm{T}}$$

$$(4\text{-}22)$$

4.4.4　控制系统设计

利用点特征、直线特征和面积特征,根据前述的姿态控制律和平移控制律,基于敏感特征的视觉伺服系统如图4-7所示。

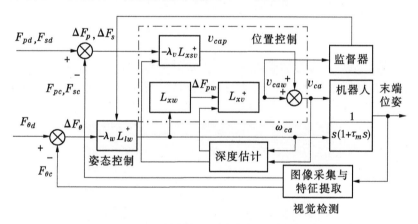

图4-7　基于敏感特征的视觉伺服系统框图

该系统由 6 个部分构成,分别为姿态控制、位置控制、深度估计、视觉检测、监督器和机器人。姿态控制部分根据直线的期望特征 $F_{\theta d} = (\rho_{1d}, \theta_{1d}, \cdots, \rho_{md}, \theta_{md})$ 与当前特征 $F_{\theta c} = (\rho_{1c}, \theta_{1c}, \cdots, \rho_{mc}, \theta_{mc})$ 之间的偏差,结合直线特征与相机旋转运动的交互矩阵,计算出角速度 ω_{ca},控制机器人的姿态,控制律见式(4-9)。位置控制部分根据姿态控制部分的输出 ω_{ca} 计算由旋转引起的平移补偿速度量 v_{caw},根据点的期望特征 $F_{pd} = (x_{1c1d}, y_{1c1d}, \cdots, x_{1cnd}, y_{1cnd})$ 与当前特征 $F_{pc} = (x_{1c1c}, y_{1c1c}, \cdots, x_{1cnc}, y_{1cnc})$ 之间的误差,以及面的期望特征 $F_{sd} = ({}^1 S_d, \cdots, {}^k S_d)$ 与当前特征 $F_{sc} = ({}^1 S_c, \cdots, {}^k S_c)$ 之间的误差和旋转导致的变化,计算出平移速度量 v_{cap}。计算出的平移量 v_{cap} 和平移补偿量 v_{caw} 相加,作为平移运动速度 v_{ca}。平移补偿速

度量 v_{caw} 的计算见式（4-13）、式（4-14），平移速度量 v_{cap} 的计算见式（4-20）。深度估计部分用于估计特征点和直线垂点的深度，根据相机的运动速度和特征的运动速度按照式（4-17）和式（4-19）计算。视觉检测部分用于采集目标图像，提取点、线、面特征。监督器用于控制姿态调整速度，如果 v_{caw} 大于设定的阈值，则降低本次姿态控制的系数 λ_w，使得 v_{caw} 不大于设定的阈值。机器人为被控对象，可以建模为一阶惯性环节和一阶积分环节组成的环节。控制器的输出为机器人末端在相机坐标系下的速度，机器人接收到控制输出后，将其转换为机器人末端坐标系或机器人基坐标系下的速度进行运动。

4.4.5　实验与结果

　　基于机器人视觉伺服实验平台（见图 4-8），按照上述方法，以点、直线、面积作为特征，进行视觉伺服实验，将旋转和平移分开控制，实现机器人与目标的六自由度对准。

图 4-8　机器人视觉伺服实验平台实物

4.4.5.1　期望特征参数

　　实验选择四条直线（图 4-9 所示的直线 1、直线 2、直线 3 和直线 4）角度 θ 的变化作为表征相机旋转运动的敏感图像特征，选择 4 条直线的交点（图 4-9 所示的 A、B、C、D 4 点）在归一化成像平面的坐标变化量及四条直线围成的四边形在归一化成像平面的像素面积变化量,作为表征相机平移运动的敏感图像特征。先通过示教器控制机器人到达期望位姿,得到期望位姿下采集的目标图像如图 4-9 所示。

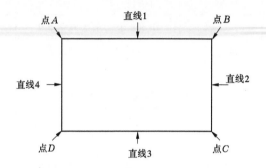

图 4-9　期望位姿下采集的目标图像

在实验过程中,先将图像进行预处理,采用 Canny 边缘检测算法提取图像边缘,接着通过找轮廓,得到四边形的大致位置,然后以四边形外接矩形为感兴趣区域(ROI),在 ROI 区域内进行 Hough 变换直线检测。得到 4 条直线后,在每条直线周围的较小 ROI 区域内逐行逐列扫描,根据像素灰度差值得到 4 条直线上的像素点,最后采用基于 RANSAC 的最小二乘算法进一步精确提取目标直线,得到图像平面上的 4 条直线的方程,进而得到图像平面上的 4 条直线的交点。利用 4 条直线的交点分别计算其在焦距归一化成像平面上的坐标,然后分别利用相邻两个点求取一条直线的方程,可以得到在焦距归一化成像平面上的 4 条直线的方程。对于焦距归一化成像平面上的第 j($j=1,2,3,4$)条直线,求取过光轴与成像平面交点(即成像坐标系原点)的垂线方程,得到第 j 条直线与其垂线的交点即垂点的坐标。将垂点的坐标转化为极坐标,得到第 j 条直线的参数 ρ_j 和 θ_j。由特征点坐标和特征直线极坐标参数,得到点到直线的距离,进而得到特征面积。

根据预先采集期望位姿下的目标图像,按照上述方法,提取点、线、面特征,计算期望的点特征参数、面特征参数和直线特征参数,得到的期望面积为 0.201 3 mm²,其他期望特征参数如表 4-2、表 4-3 所示。

表 4-2 期望的直线特征

特征直线	直线 1	直线 2	直线 3	直线 4
$\rho(mm)$	0.189 8	0.364 6	0.226 9	0.317 0
$\theta(°)$	-90.940 0	-1.115 3	88.752 6	179.453 0

表 4-3 期望的点特征

特征点	点 A	点 B	点 C	点 D
$x_{1c}(mm)$	-0.318 8	0.360 8	0.368 9	-0.314 8
$y_{1c}(mm)$	-0.184 6	-0.195 8	0.218 9	0.233 8

4.4.5.2 实验流程

根据所述的视觉伺服控制方法,设计了如图 4-10 所示的基于敏感图像特征的视觉伺服实验流程。在实验过程中,先经过图像处理,提取图像特征,得到当前的直线特征参数、点特征参数和面特征参数后,根据当前图像特征和期望图像特征之间的偏差,利用式(4-5)计算当前位姿下的相机姿态和期望位姿下的相机姿态之间的偏差,利用式(4-9)计算下一步的相机姿态调整量。利用式(4-13)和式(4-14)计算下一步姿态调整所需要的平移补偿量,利用式(4-15)计算下一步姿态调整所产生的面积变化量,利用式(4-20)计算当前位姿下的相机位置和期望位姿下的相机位置之间的偏差,利用式(4-22)计算下一步的相机位姿调整量。根据相机位姿调整量和标定的手眼矩阵,得到下一步的机器人末端的位姿调整量,实现机器人的运动控制。当直线角度偏差、点特征偏差和面积偏差都小于控制误差阈值时,控制过程结束。本实验设定的直线角度偏差阈值为 0.15°,点坐标偏差阈值为 0.02 mm,面积偏差阈值为 0.01 mm²。相机位姿调整量限幅为 5°,相机位置调整量限幅为 200 mm。

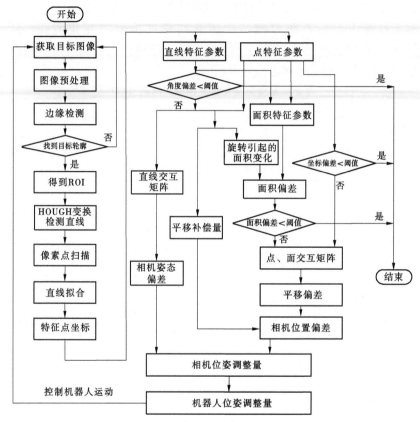

图 4-10　基于敏感图像特征的视觉伺服实验流程

4.4.5.3　实验结果

从初始位姿(302.98 mm，−858.72 mm，201.67 mm，98.81°，−79.33°，−16.45°)开始，采集第一帧图像，提取图像特征，得到当前点、线、面特征参数，人为设定此时的机器人运动量(−20 mm，−10 mm，0，0，0，0)，控制机器人主动运动后，得到第二帧图像，提取点、线、面特征参数，根据当前特征参数和期望特征参数之间的偏差，得到相机的位姿偏差，进而得到机器人的位姿偏差，根据得到的位姿偏差，控制机器人运动，重复上述过程，直到图像特征参数误差小于设定的阈值。本实验中，经过 13 步调整，图像特征参数误差已收敛到设定的阈值范围内。表 4-4 给出了实验过程中记录的直线特征参数, 图 4-11 给出了实验过程中当前直线角度与期望直线角度偏差的变化曲线。从图 4-11 可以看出,使用直线交互矩阵的姿态控制效果良好,直线角度误差在第 4 步时就已接近误差阈值。

表 4-4　基于敏感图像特征视觉伺服实验的直线特征参数

步数	直线 1		直线 2		直线 3		直线 4	
	ρ (mm)	θ (°)	ρ (mm)	θ (°)	ρ (mm)	θ (°)	ρ (mm)	θ (°)
1	0.260 4	−81.24	0.186 8	8.88	0.090 1	98.10	0.087 7	−171.59
2	0.255 6	−81.26	0.204 1	8.83	0.084 9	98.10	0.070 6	−171.65
3	0.242 2	−86.53	0.220 5	2.81	0.045 7	93.04	0.105 3	−176.28
4	0.236 5	−91.19	0.241 8	−1.56	0.009 0	88.62	0.163 9	179.31
5	0.234 53	−90.99	0.310 9	−1.35	0.081 2	88.77	0.208 0	179.42
6	0.226 4	−90.95	0.321 8	−1.22	0.111 8	88.81	0.233 2	179.43
7	0.216 5	−90.96	0.333 0	−1.22	0.140 1	88.78	0.251 7	179.43
8	0.208 4	−90.94	0.341 2	−1.22	0.162 2	88.79	0.265 9	179.44
9	0.197 7	−90.96	0.353 1	−1.28	0.194 4	88.76	0.288 9	179.46
10	0.194 9	−90.94	0.358 4	−1.18	0.208 2	88.77	0.301 5	179.43
11	0.190 7	−90.92	0.363 2	−1.15	0.221 5	88.79	0.311 6	179.64
12	0.190 3	−91.02	0.364 3	−1.16	0.224 7	88.67	0.314 9	179.26
13	0.190 1	−90.91	0.364 3	−1.11	0.225 9	88.79	0.316 5	179.57

表 4-5 给出了实验过程中记录的点特征参数和面积特征参数,图 4-12 给出了实验过程中当前特征点坐标与期望特征点坐标偏差的变化曲线。图 4-13 给出了实验过程中当前特征面积与期望特征面积偏差的变化曲线。从图 4-12 可以看出,4 个特征点的归一化成像平面坐标误差都能稳定收敛到控制误差阈值范围内,从图 4-13 可以看出,特征面积的误差也能稳定收敛到控制误差阈值范围内。

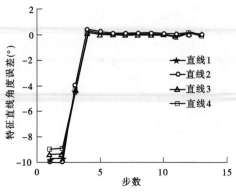

图 4-11 特征直线角度误差曲线

表 4-5 基于敏感图像特征视觉伺服实验的点特征参数和面积特征参数

| 步数 | 点 A | | 点 B | | 点 C | | 点 D | | S |
	x_{1c} (mm)	y_{1c} (mm)	x_{1c} (mm)	y_{1c} (mm)	x_{1c} (mm)	y_{1c} (mm)	x_{1c} (mm)	y_{1c} (mm)	(mm^2)
1	−0.048 6	−0.270 9	0.224 9	−0.228 8	0.198 9	−0.062 6	−0.073 6	−0.101 4	0.047 40
2	−0.032 7	−0.263 6	0.240 9	−0.221 5	0.215 1	−0.055 1	−0.057 6	−0.093 9	0.047 47
3	−0.089 3	−0.248 1	0.232 0	−0.228 6	0.222 4	−0.034 0	−0.102 2	−0.051 2	0.063 49
4	−0.166 7	−0.233 1	0.235 4	−0.241 5	0.242 0	0.003 2	−0.163 7	0.129 7	0.098 96
5	−0.210 4	−0.230 9	0.305 4	−0.239 8	0.312 7	0.074 5	−0.207 2	0.085 7	0.163 26
6	−0.235 5	−0.222 5	0.316 9	−0.231 6	0.324 1	0.105 1	−0.232 1	0.116 7	0.187 39
7	−0.253 8	−0.212 3	0.328 3	−0.222 0	0.335 9	0.133 0	−0.250 3	0.145 5	0.208 31
8	−0.267 9	−0.204 0	0.336 7	−0.213 9	0.344 6	0.154 9	−0.264 3	0.167 8	0.224 78
9	−0.290 7	−0.192 9	0.348 6	−0.203 6	0.357 3	0.186 7	−0.287 0	0.200 7	0.251 60
10	−0.303 4	−0.189 9	0.354 3	−0.200 8	0.362 6	0.200 5	−0.299 4	0.214 7	0.266 12
11	−0.312 7	−0.185 8	0.359 4	−0.196 6	0.367 6	0.213 9	−0.310 1	0.228 1	0.278 17
12	−0.317 3	−0.184 7	0.360 4	−0.196 7	0.368 7	0.216 2	−0.311 9	0.232 0	0.282 48
13	−0.317 9	−0.185 1	0.360 6	−0.195 9	0.368 6	0.218 2	−0.314 7	0.232 6	0.283 38

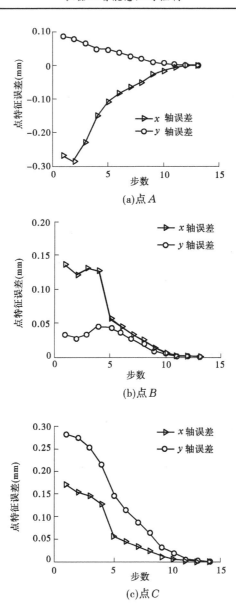

图 4-12　特征点归一化坐标误差变化曲线

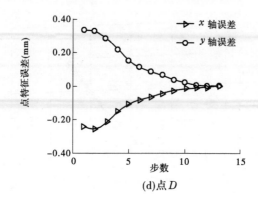

(d)点 D

续图 4-12

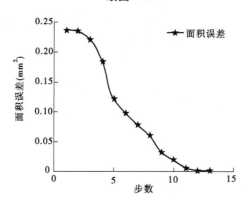

图 4-13　特征面积误差变化曲线

　　图 4-14 是视觉伺服过程中机器人的位姿变化曲线。对准结束时,机器人的六维位姿偏差为 - 2.53 mm、2.63 mm、- 1.67 mm、0.26°、- 0.04°、0.2°,平移方向的最大误差为 2.63 mm,旋转方向的最大误差为 0.26°。

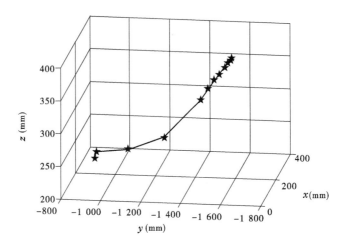

图 4-14　机器人轨迹

第 5 章　基于多传感器的机器人对准控制

针对光机组件的装配,根据前述的感知、测量和控制方法,提出一种基于多传感器反馈的分阶段自动对准策略,实现光机组件的六自由度位姿对准。

5.1　平台介绍

除视觉传感器外,激光测距传感器因测量精度高、性能稳定、抗干扰能力强、体积小、受工作距离影响小等特点,在位姿检测领域也发挥了重要作用。因此,本书使用视觉和激光两种传感器,结合两种传感器的优势,实现光机组件的自动对准。

5.1.1　平台构成

装配平台主要由四部分组成,包括六自由度机械臂、夹具、传感器系统和装配件,如图 5-1 所示。夹具专门针对平台的装配件设计,主要用于固定装配件和安放传感器。传感器系统包括 2 个视觉传感器和 3 个一维激光测距传感器,主要用于获取目标信息,传感器都安装在末端夹具上。平台装配要求的位置精度为 1 mm,角度精度为 0.1°。

装配件包括光机组件和安装框架两部分。光机组件由机器人末端夹具夹持,安装框架固定在支撑架上。光机组件由航空铝合金材料加工而成,口径为 555 mm×665 mm,质量约 25 kg。安装框架的材质与光机组件相同,口径为 557 mm×667 mm。夹具由优质结构钢材料加工而成,质量约 15 kg。

机械臂采用日本安川公司生产的 MCL50 型洁净机器人,它包括机器人本体、示教编程器、YASNAC-DX100 控制柜及外部设备。其中,机

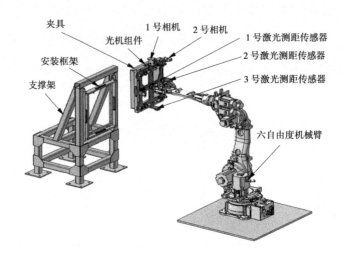

图 5-1　机器人装配平台示意图

器人本体具有 6 个自由度,各个关节均为旋转关节,由交流伺服电机驱动,其重复定位精度可达 0.07 mm,最大载荷为 50 kg。机器人洁净等级为 ISO 5 级。机械臂 6 个旋转关节分别用 S、L、U、R、B 和 T 表示,各转轴的旋转范围和最大速度如表 5-1 所示。

表 5-1　机械臂参数

转轴	旋转范围	最大速度
S	$-180° \sim +180°$	170°/s
L	$-90° \sim +135°$	170°/s
U	$-160° \sim +260°$	170°/s
R	$-360° \sim +360°$	200°/s
B	$-125° \sim +125°$	190°/s
T	$-360° \sim +360°$	250°/s

2 个视觉传感器使用的相机完全相同,均为德国 Allied Vision Technologies 公司生产的 Prosilica GC 系列工业相机,型号为 GC1600H,

如图 5-2(a)所示。相机分辨率为 1 620 × 1 220 像素，像素物理尺寸为 4.4 μm × 4.4 μm，最大帧率为 25 fps，相机自重 105 g。镜头采用日本 CBC 集团公司生产的 Computar 系列百万像素定焦镜头。1 号相机使用的镜头型号为 H0514-MP2，焦距为 8 mm，如图 5-2(b)所示。2 号相机使用的镜头型号为 M0514-MP2，焦距为 5 mm。如图 5-2(c)所示。

(a) 相机　　　　　(b) 1 号相机镜头　　(c)2 号相机镜头

图 5-2　视觉传感器

所使用的 3 个激光测距传感器完全相同，均为德国 Casati Technologies 公司生产的 FBM200-PT50220 系列传感器，型号为 PT50220S，如图 5-3 所示，该激光测距传感器的测量范围为 80 ~ 300 mm，测量精度为测量值的 0.1%。

5.1.2　平台坐标系

机器人装配实验平台使用了 6 种坐标系：世界坐标系、相机坐标系、图像坐标系、光机组件坐标系(大口径器件坐标系)、机器人末端坐标系和机器人基坐标系。如图 5-4 所示，世界坐标系 $O_w x_w y_w z_w$ 建立在安装框架上，以安装框架的中心为原点，x_w 轴沿安装框架的水平边方向，y_w 轴沿安装框架的竖直边方向，z_w 轴垂直于安装框架且指向安装框架。$O_{c1} x_{c1} y_{c1} z_{c1}$ 和 $O_{c2} x_{c2} y_{c2} z_{c2}$ 是两个相机的坐标系，分别建立在两个相机的光轴中心点处，其 z_{c1} 轴和 z_{c2} 轴分别沿光轴指向景物方向，其 x_{c1} 轴和 x_{c2} 轴分别平行于其图像坐标的横轴，其 y_{c1} 轴和 y_{c2} 轴分别平行于其图像坐标的纵轴。$O_1 u_1 v_1$ 和 $O_2 u_2 v_2$ 是两个相机分别对应的图像坐标

图 5-3 激光测距感知 PT50220S

系,其 u 轴均沿图像坐标水平增加的方向,其 v 轴均沿图像坐标垂直增加的方向。光机组件坐标系 $O_M x_M y_M z_M$ 建立在光机组件上,以光机组件的中心为原点,x_M 轴沿光机组件的水平边方向,y_M 轴沿大口径的竖直边方向。机器人末端坐标系 $O_{T1} x_{T1} y_{T1} z_{T1}$ 建立在机器人法兰盘上,以法兰盘的中心为原点,x_{T1} 轴与 x_{T2} 轴平行,方向相反,y_{T1} 轴与 z_{T2} 轴平行,方向相反。机器人基坐标系 $O_{T2} x_{T2} y_{T2} z_{T2}$ 建在机器人基座中心,其 y_{T2} 轴方向水平向右,其 z_{T2} 轴方向垂直向上。

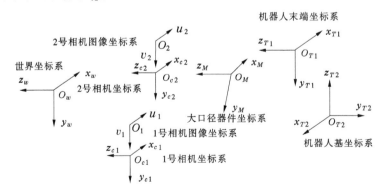

图 5-4 机器人装配实验平台坐标系

5.2　基于多传感器的位姿测量

利用视觉传感器和激光测距感知,分阶段实现光机组件的六维位姿测量。当视觉传感器能够获取完整的目标图像时,仅利用视觉图像得到目标的六维位姿信息;当视觉传感器不能获取完整的目标图像时,利用局部图像得到目标沿 x、y 轴及绕 z 轴的位姿信息,利用激光测距传感器测量的距离,得到绕 x、y 轴及沿 z 轴的位姿信息。

5.2.1　位姿测量流程

位姿测量所使用的视觉传感器和激光测距传感器在夹具上的具体安装情况如图 5-5 所示,1 号相机安装在夹具上侧边沿中间,方便获取安装框架的完整图像。2 号相机安装在夹具上侧边沿最右端,方便获取安装框架右上角的局部图像。3 个激光测距传感器用于测量光机组件与安装框架的距离,1 号激光测距传感器安装在夹具的左侧边沿中

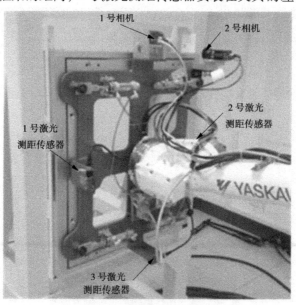

图 5-5　传感器系统实物图

间, 2 号激光测距传感器与 1 号激光测距传感器对称,安装在夹具的右侧边沿中间,3 号激光测距传感器安装在夹具的下侧边沿中间。

在位姿测量过程中,当机器人末端距离安装框架较远,1 号相机能够获取目标的完整图像时,通过提取图像特征,得到安装框架相对于相机的位姿。当机器人末端距离安装框架较近,1 号相机无法得到有效的目标图像时,2 号相机能够获取安装框架的局部图像,虽然难以从此时的目标局部图像得到精确的六维位姿信息,但是局部图像仍对沿 x、y 轴的平移及绕 z 轴的旋转非常敏感,所以能够从安装框架的局部图像得到视觉敏感的 3 个自由度的位姿偏差。此外,从 3 个激光测距传感器测量出的距离,可以得到光机组件所在平面与安装框架所在平面之间绕 x、y 轴方向的旋转角度偏差,以及光机组件和安装框架在沿 z 轴方向的平移偏差。因此,利用 2 个视觉传感器和 3 个激光测距传感器可以实现机器人对准过程中的位姿测量,基于多传感器的位姿测量流程如图 5-6 所示。

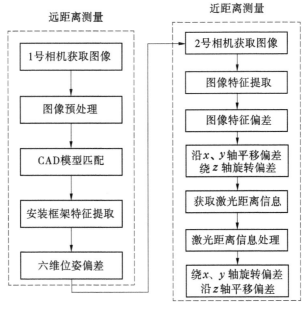

图 5-6　基于多传感器的位姿测量流程

　　从图 5-6 可以看出,基于多传感器的位姿测量方法分为远距离测量和近距离测量两部分。远距离测量时,从安装框架的完整图像得到目标相对于相机的位姿。近距离测量时,先从安装框架的局部图像提取出图像特征,根据当前特征参数与期望特征参数之间的图像偏差,得到当前位姿和期望位姿沿 x、y 轴的平移偏差,以及绕 z 轴的旋转偏差。然后根据 3 个激光测距传感器的测量结果,得到当前位姿和期望位姿绕 x、y 轴的旋转偏差和沿 z 轴的平移偏差。

5.2.2　远距离位姿测量

　　当机器人末端远离安装框架时,使用 1 号相机获取的图像进行测量。此过程中 1 号相机能够获取完整的安装框架图像,采用三维 CAD 模型匹配方法实现安装框架的位姿测量。首先绘制如图 5-7 所示的 CAD 模型,以图 5-8 中两个矩形框之间的部分为特征,离线建立安装框架的模型库,然后将当前目标图像和 CAD 模型进行在线匹配,结合标定出来的相机内参数,得到安装框架相对于 1 号相机的六维位姿。

图 5-7　CAD 模型

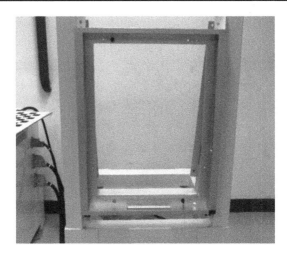

图 5-8　1 号相机获取的安装框架图像

　　离线建模时,使用虚拟相机从不同经度、纬度、深度对目标的 CAD 模型进行拍摄,得到如图 5-9 所示的目标投影视图集合。在线检测过程中,先根据当前图像和模型库中图像之间的相似度大小,找到与当前图像中物体位姿最接近的视图。然而,由于模型库中的视图个数有限,所以此时得到的视角并不准确。为了进一步提高检测精度,以这个视角为初始点,建立六自由度的相似度空间,根据相似度大小,通过牛顿迭代法搜索最优位姿,得到当前图像的精确视角,进而得到安装框架在摄像坐标系的精确位姿。

　　设安装框架在摄像坐标系的位姿为 T_p,手眼关系矩阵为 T_m,则安装框架相对机器人末端的位姿 T_r 为

$$T_r = T_m T_p \tag{5-1}$$

　　设光机组件相对于机器人末端的位姿为 T_s,则光机组件和安装框架的位姿偏差 T_d 为

$$T_d = \frac{T_r}{T_s} \tag{5-2}$$

　　从安全角度考虑,粗对准结束时在 z 方向上光机组件与安装框架之间的距离设定为 z_d,其他误差设定为 0。于是,可以得到粗对准结束

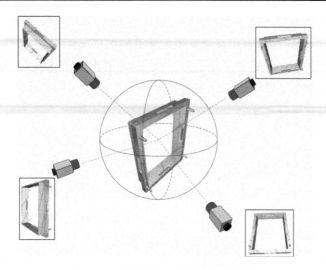

图 5-9　从不同视角得到的投影视图

时的位姿偏差矩阵 T_{dd}。

$$T_{dd} = \begin{bmatrix} 1 & 0 & 0 & 0 \\ 0 & 1 & 0 & 0 \\ 0 & 0 & 1 & z_d \\ 0 & 0 & 0 & 1 \end{bmatrix} \tag{5-3}$$

为了将位姿偏差 T_d 调整为 T_{dd}，机器人末端相对于机器人末端坐标系的运动为

$$T_e = T_r (T_s T_{dd})^{-1} = \begin{bmatrix} R & P \\ 0 & 1 \end{bmatrix} \tag{5-4}$$

T_e 的位置向量 P 即为机器人末端沿 x、y 和 z 轴方向的平移运动量（$\Delta x_1, \Delta y_1, \Delta z_1$）。将旋转变换矩阵表示的姿态 R 转换为横滚、俯仰和偏转角表示的姿态，从而得到机器人末端分别在绕 x、y 和 z 轴方向的旋转运动量（$\Delta\theta_{x1}, \Delta\theta_{y1}, \Delta\theta_{z1}$）。

5.2.3　近距离位姿测量

当机器人末端离安装框架较近时，2 号相机只能获取安装框架的局部图像，此时无法仅通过图像信息得到安装框架的精确六维位姿。

由于视觉测量对于绕 z 轴的旋转和沿 x、y 轴的平移很敏感,测量精度
较高,所以近距离时利用视觉采集安装框架的局部图像,测量绕 z 轴的
旋转误差和沿 x、y 轴的平移误差。因此,近距离时激光测距传感器只
需要测量绕 x、y 轴的旋转误差和沿 z 轴的平移误差即可。然而,视觉
测量容易受机械加工误差及环境光照影响,为了保证测量结果的精度
和稳定性,在近距离位姿测量的最后阶段,再利用激光测距传感器测量
沿 x、y 轴的平移误差。

5.2.3.1　基于安装框架局部图像的位姿估计

在近距离位姿测量过程中,2 号相机获取到的安装框架的局部图
像如图 5-10 所示。为了得到目标的位姿信息,选择安装框架的两条水
平边缘线 $L1$ 和 $L2$,以及两条垂直边缘线 $L3$ 和 $L4$ 作为图像特征。通
过提取 4 条直线,得到 4 条直线的 4 个交点(图 5-10 所示的点 A、点 B、
点 C、点 D),进而得到矩形的中心点,将该中心点作为控制机器人运动
的图像特征参数,实现光机组件沿 x、y 轴方向的位置调整。任意选择
4 条边缘线中的一条直线,以该直线的角度作为控制机器人运动的图
像特征参数,实现光机组件绕 z 轴方向的姿态调整。期望的图像特征
参数通过提取离线对准时的 4 条边缘直线获得。根据当前图像特征参
数和期望图像特征参数,得到图像特征偏差如下:

$$\begin{cases} \Delta u = u_d - u \\ \Delta v = v_d - v \\ \theta_{z2} = \theta_d - \arctan k \end{cases} \tag{5-5}$$

式中　(u_d, v_d)——矩形中心点期望图像坐标;

　　　(u, v)——矩形中心点实际图像坐标;

　　　θ_d——期望的直线角度;

　　　k——选择的特征直线的斜率。

Δu 为矩形中心点在 u 轴方向的图像偏差,与安装框架和光机组件
在 x 轴方向的位置偏差成比例关系;Δv 为矩形中心点在 v 轴方向的图
像偏差,与安装框架和光机组件在 y 轴方向的位置偏差成比例关系;θ_{z2}
为特征直线角度偏差,与安装框架和光机组件在绕 z 轴方向的角度偏

图 5-10　2 号相机获取的安装框架图像

差相同。因此，Δu、Δv 和 θ_{z2} 可以很好地描述沿 x、y 轴的平移偏差和绕 z 轴的旋转偏差。

为了从 u 轴方向的坐标偏差和 v 轴方向的坐标偏差得到笛卡儿空间平移偏差，需要计算像素当量，即像素点代表的实际物理尺寸。由于图 5-10 所示的线段 AB 的物理尺寸 L_{AB} 已知，且点 A 和点 B 之间的像素点个数 PX_{AB} 可以计算得到，所以估计第 i 幅图像的像素当量 PL_i 如下：

$$PL_i = \frac{L_{AB}}{PX_{AB}} \quad (i = 1,2,\cdots,n) \tag{5-6}$$

5.2.3.2　基于激光信息的位姿估计

3 个激光测距传感器分别从夹具的左侧、右侧和下侧测量到安装框架的距离，将激光测距传感器当成质点，则这 3 个激光测距传感器构成一个平面，基于 3 个质点的坐标及相对距离测量值，得到这个平面的法向量。

根据 3 个激光测距传感器的测量值，以及它们的安装位置，构造激光测距传感器的三维坐标如下：

$$\begin{cases} x_i = x_{Li} \\ y_i = y_{Li} \quad (i = 1,2,3) \\ z_i = d_i \end{cases} \tag{5-7}$$

式中　(x_{Li}, y_{Li})——第 i 个激光测距传感器在光机组件坐标系中的坐标;

　　　　d_i——第 i 个激光测距传感器的读数。

设 3 个激光测距传感器质点为 A、B 和 C,则 3 个质点构成的平面法向量 V 如下:

$$V = \overrightarrow{AB} \times \overrightarrow{AC} \tag{5-8}$$

在离线完成光机组件对准的情况下,按照上述计算方法,得到期望的法向量 V_q。将 V 和 V_q 投影到 yOz 平面和 zOx 平面,则两个法向量在 yOz 平面的投影之间的夹角即为光机组件与安装框架在绕 x 轴方向的角度偏差,两个法向量在 zOx 平面的投影之间的夹角即为光机组件与安装框架在绕 y 轴方向的角度偏差。因此,得到角度偏差如下:

$$\begin{cases} \cos\theta_{Lx} = \dfrac{V_{qyoz} V_{yoz}}{|V_{qyoz}||V_{yoz}|} \\ \cos\theta_{Ly} = \dfrac{V_{qzox} V_{zox}}{|V_{qzox}||V_{zox}|} \end{cases} \tag{5-9}$$

式中　θ_{Lx}、θ_{Ly}——安装框架和光机组件在绕 x 轴方向和绕 y 轴方向的角度偏差;

　　　　V_{qyoz}、V_{qzox}——V_q 分别在 yOz 平面和 zOx 平面的投影;

　　　　V_{yox}、V_{zox}——V 分别在 yOz 平面和 zOx 平面的投影。

基于激光信息进行位姿估计时,认为绕 z 轴方向的角度偏差为 0。利用式(5-9)得到 θ_{Lx} 和 θ_{Ly} 后,将 $(\theta_{Lx}, \theta_{Ly}, 0)$ 表示为姿态变换矩阵 R_L,即光机组件和安装框架的姿态偏差,如下式所示:

$$R_L = \begin{bmatrix} \cos\theta_{Ly} & \sin\theta_{Ly}\sin\theta_{Lx} & \sin\theta_{Ly}\cos\theta_{Lx} \\ 0 & \cos\theta_{Lx} & -\sin\theta_{Lx} \\ -\sin\theta_{Ly} & \cos\theta_{Ly}\sin\theta_{Lx} & \cos\theta_{Ly}\sin\theta_{Lx} \end{bmatrix} \tag{5-10}$$

为了将 R_L 调整为单位阵,机器人末端相对于机器人末端坐标系的运动为

$$R_f = R_s R_L R_s^{-1} \tag{5-11}$$

式中 R_s——T_s 中的旋转变换矩阵。

将旋转变换矩阵 R_f 转换为横滚、俯仰和偏转角表示的姿态,从而得到机器人末端分别在绕 x 轴、绕 y 轴方向和绕 z 轴方向的角度偏差 (θ_{x2}, θ_{y2}, θ'_{z2})。

根据 3 个激光测距传感器的测量值,得到光机组件和安装框架在深度方向上的距离偏差:

$$z_2 = (d_1 + d_2 + d_3)/3 \tag{5-12}$$

利用激光测距传感器测量沿 x、y 轴的平移误差时,先离线完成光机组件位姿对准,然后向左平移 1 号激光测距传感器,使激光打到安装框架右方边缘,得到机器人在 x 方向的平移量 L_x。再向上平移 3 号激光测距传感器,使激光打到安装框架下方边缘,得到机器人在 y 方向的平移量 L_y。在线调整开始时,1 号激光测距传感器的激光打在图 5-10 所示的 L3 和 L4 之间的区域,将机器人逐步向左平移,当激光第一次打到 L3 的左侧时,1 号激光测距传感器读数发生明显跳变,此时可判断为找到边缘 L3,进而得到光机组件和安装框架在 x 方向的位置偏差:

$$x'_2 = L_x \tag{5-13}$$

同理,可得光机组件和安装框架在 y 方向的位置偏差:

$$y'_2 = L_y \tag{5-14}$$

5.3 基于多传感器的对准控制

在对准过程中,当机器人末端远离装配位置时,采用视觉测量安装框架的相对位姿进行粗对准;在机器人末端接近装配位置时,采用视觉采集安装框架的局部图像,利用基于图像的控制消除绕 z 轴的旋转误差和沿 x、y 轴的平移误差,采用多个激光测距传感器测量相对距离,利用基于位置的控制消除沿 z 轴的平移误差和绕 x、y 轴的旋转误差,实现光机组件与安装框架的精对准。

5.3.1　自动对准控制流程

由于装配件口径较大,当距离目标较近时,视觉传感器只能获取其局部图像,此时视觉传感器只对绕 z 轴的旋转和沿 x、y 轴的平移敏感,绕 x、y 轴的旋转和沿 z 轴的平移难以通过视觉图像获得。激光测距传感器测量精度高,性能稳定,抗干扰能力强,体积小,便于安装。因此,采用视觉传感器和激光测距传感器两种传感器共同获取目标信息,实现光机组件和安装框架的六自由度位姿对准。

当距离目标较远时,根据视觉传感器获取的安装框架图像,得到目标的六维位姿信息,然后控制机器人运动,实现光机组件和安装框架的粗对准。当距离目标较近时,根据视觉传感器获取的安装框架局部图像,采用基于图像的控制消除绕 z 轴的旋转误差和沿 x、y 轴的平移误差,根据多个激光测距传感器测量相对距离,利用基于位置的控制消除沿 z 轴的平移误差和绕 x、y 轴的旋转误差,实现光机组件和安装框架的精对准。然而,视觉测量容易受机械加工误差及环境光照影响,为了保证测量结果的精度和稳定性,在精对准的最后阶段,再利用激光测距传感器测量沿 x、y 轴的平移误差,并根据测量结果进行最后的位置调整。

设计的自动对准流程如图 5-11 所示。先根据 1 号相机获取的安装框架图像,提取安装框架的边框特征,得到安装框架相对于 1 号相机的六维位姿,进而得到安装框架相对于机器人末端的位姿,从而得到光机组件和安装框架的六维位姿偏差,实现光机组件和安装框架的粗对准。当 1 号相机获得的安装框架图像无法用于测量后,启动 2 号相机,获取安装框架的局部图像。根据 2 号相机采集的图像,提取安装框架的图像特征参数,得到当前图像特征和期望图像特征的偏差,根据此偏差及设计的运动控制律,实现光机组件和安装框架在绕 z 轴旋转和沿 x、y 轴平移的精确对准。根据 3 个激光测距传感器反馈的距离信息,得到 3 个激光测距传感器构成的平面法向量,进而得到当前法向量和期望法向量之间的夹角,从而实现光机组件和安装框架沿 z 轴平移和绕 x、y 轴旋转的精确对准。在精对准过程中,由于基于 2 号相机采集的局部图像的视觉控制和基于激光测距传感器的位置控制相互干扰,需要根据相机反馈的图像信息和激光反馈的距离信息进行反复迭代调整,直到图像偏差和角度偏差同时都在允许的误差范围内后,再根据激光反馈信息测量沿 x、y 轴的平移误差,进行最后的位置调整,实现光机组件和安装框架的自动对准。

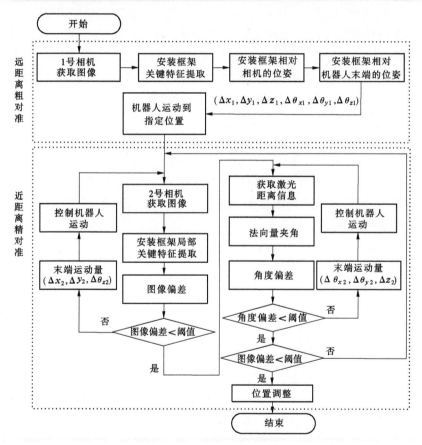

图 5-11 自动对准流程图

5.3.2 自动对准控制

在粗对准过程中,由于安装框架尺寸较大,1 号相机在初始位置附近超出很小的范围后就不能得到完整的安装框架图像。因此,根据从1 号相机图像获取的测量结果得到光机组件与安装框架的相对位姿偏差后,在深度方向上设定与测量值相差一定数值的安全距离后得到粗对准的指定位姿,然后控制机器人到达指定的位姿,使光机组件与安装框架位姿大致对准。

在精对准过程中,根据 2 号相机获取的安装框架的局部图像,得到当前特征和期望特征的图像偏差,采用基于图像的视觉控制,实现机器人绕 z 轴的旋转控制和沿 x、y 轴的平移控制;根据三个激光测距传感器的测量值,计算得到安装框架和光机组件的相对位姿偏差,采用基于位置的控制,实现机器人在沿 z 轴的平移控制和绕 x、y 轴的旋转控制。

5.3.2.1　基于局部图像的控制

基于局部图像的控制采用基于图像的视觉控制方案,其控制框图如图 5-12 所示。根据 2 号相机反馈的图像,提取当前图像特征参数,并与期望特征参数比较,得到当前图像偏差。结合此偏差并根据 PI 控制律,得到机器人末端的运动调整量(Δx_2, Δy_2, $\Delta \theta_{z2}$),进而实现机器人的运动控制。

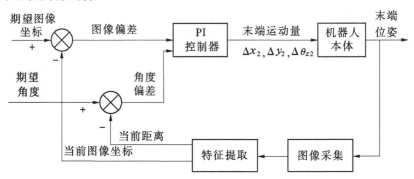

图 5-12　基于局部图像的控制框图

根据 2 号相机反馈的图像偏差建立运动控制律,如式(5-15)所示:

$$\begin{bmatrix} \Delta x_2(k) \\ \Delta y_2(k) \\ \Delta \theta_{z2}(k) \end{bmatrix} = K_{p2} \left\{ \begin{bmatrix} \Delta u(k) \\ \Delta v(k) \\ \theta_{z2}(k) \end{bmatrix} - \begin{bmatrix} \Delta u(k-1) \\ \Delta v(k-1) \\ \theta_{z2}(k-1) \end{bmatrix} \right\} + K_{i2} \begin{bmatrix} \Delta u(k) \\ \Delta v(k) \\ \theta_{z2}(k) \end{bmatrix}$$

$$(5-15)$$

式中　$\Delta x_2(k)$、$\Delta y_2(k)$——机器人末端第 k 次在 x 轴方向和 y 轴方向
　　　　　　的位置调整量；

　　　　$\Delta\theta_{z2}(k)$——机器人末端第 k 次在绕 z 轴方向的角度调整量；

　　　　$\Delta u(k)$、$\Delta v(k)$——第 k 次测量得到的特征点在 u 方向和 v 方向
　　　　　　的图像误差；

　　　　$\theta_{z2}(k)$——第 k 次测量得到的特征直线的角度误差；

　　　　K_{p2}、K_{i2}——PI 控制器的比例系数和积分系数。

　　需要指出的是,在得到图像偏差后,需要将控制器系数乘以当前的
像素当量,才能得到相应的机器人运动调整量。

5.3.2.2　基于激光信息的控制

　　基于激光测距传感器的控制采用基于位置的控制方案,控制框图
如图 5-13 所示。根据 3 个激光测距传感器的测量值,得到安装框架的
深度信息和激光平面的法向量,并结合对应的期望深度和期望法向量,
得到沿 z 轴的平移误差和绕 x、y 轴的旋转误差,根据 PI 控制律,得到机
器人末端的运动调整量($\Delta\theta_{x2}$,$\Delta\theta_{y2}$,Δz_2),进而实现机器人的运动控
制。

　　根据激光测距传感器的测量值,计算得到安装框架和光机组件的
位姿偏差,建立如下运动控制律:

$$\begin{bmatrix} \Delta\theta_{x2}(k) \\ \Delta\theta_{y2}(k) \\ \Delta z_2(k) \end{bmatrix} = K_{p3}\left\{ \begin{bmatrix} \theta_{x2}(k) \\ \theta_{y2}(k) \\ z_2(k) \end{bmatrix} - \begin{bmatrix} \theta_{x2}(k-1) \\ \theta_{y2}(k-1) \\ z_2(k-1) \end{bmatrix} \right\} + K_{i3}\begin{bmatrix} \theta_{x2}(k) \\ \theta_{y2}(k) \\ z_2(k) \end{bmatrix}$$

$$(5\text{-}16)$$

式中　$\Delta\theta_{x2}(k)$、$\Delta\theta_{y2}(k)$——机器人末端第 k 次在绕 x 轴方向和绕 y
　　　　　　　轴方向的角度调整量；

　　　　$\Delta z_2(k)$——机器人末端第 k 次在 z 轴方向的位置调整量；

　　　　$\theta_{x2}(k)$、$\theta_{y2}(k)$——第 k 次测量得到的绕 x 轴方向和绕 y 轴方向
　　　　　　　的角度偏差；

　　　　$z_2(k)$——第 k 次测量得到 z 轴方向的位置偏差；

　　　　K_{p3}、K_{i3}——PI 控制器的比例系数和积分系数。

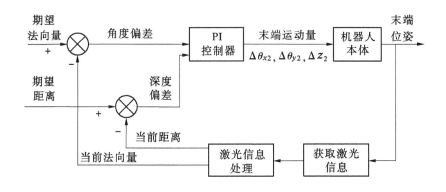

图 5-13　基于激光反馈的机器人控制框图

利用激光测距传感器进行 x 轴和 y 轴方向的调整时,由于测量时可以直接得到相应的位置偏差,所以控制机器人直接在当前位置上移动该偏差,实现对应自由度上的对准。

$$\begin{bmatrix} \Delta x_2' \\ \Delta y_2' \end{bmatrix} = \begin{bmatrix} x_2' \\ y_2' \end{bmatrix} \qquad (5\text{-}17)$$

式中　x_2'、y_2'——测量得到的安装框架和光机组件分别在 x 轴方向和 y 轴方向的位置偏差;

　　　$\Delta x_2'$、$\Delta y_2'$——机器人末端在对应自由度上的位置调整量。

5.4　实验与结果

基于前述的机器人自动化装配实验平台,利用 2 个视觉传感器反馈的图像信息及 3 个激光测距传感器反馈的距离信息,按照节 5.2 给出的位姿测量方法,得到光机组件的位姿偏差,按照节 5.3 给出的自动对准控制方法,进行机器人位姿调整,并开发光机组件装配软件,实现光机组件的机器人自动对准,光机组件装配平台如图 5-14 所示。

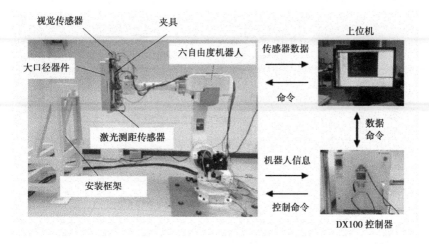

图 5-14　光机组件装配平台实物图

5.4.1　图像特征提取

5.4.1.1　远距离测量特征提取

在远距离位姿测量过程中,根据 1 号相机反馈的视觉图像,提取安装框架的边框特征。基于离线建立的目标模型库,利用三维 CAD 模型匹配在线提取目标特征。不同位姿下安装框架边框特征提取的实验结果如图 5-15 所示。

5.4.1.2　近距离测量特征提取

在近距离位姿测量过程中,根据 2 号相机反馈的视觉图像,提取安装框架的局部特征。此过程中的图像特征提取流程如图 5-16 所示,首先对图像进行预处理,采用 Canny 边缘检测算法提取图像边缘,然后利用 Hough 变换检测直线。得到 4 条直线后,在每条直线周围的较小 ROI 区域内进行逐行逐列扫描,根据像素灰度差值得到 4 条直线上的像素点,然后采用基于 RANSAC 的最小二乘算法进行直线拟合,进一步精确提取目标直线,得到图像平面上 4 条直线的方程,进而得到图像平面上 4 条直线的交点,最后得到矩形中心点的图像坐标。

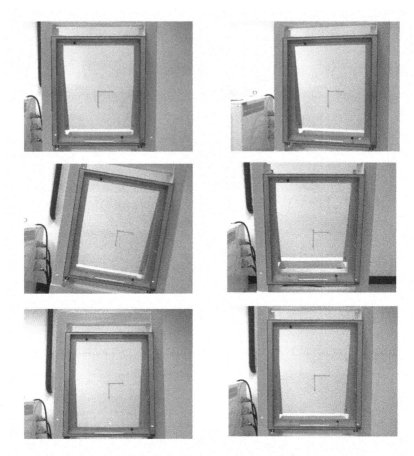

图 5-15　不同位姿下安装框架边框特征提取的实验结果

在近距离位姿测量过程中，从远及近提取的安装框架局部图像特征部分结果如图 5-17 所示。其中，图中直线是显示的特征提取结果，可以看出，目标直线能够被准确地检测出来。

5.4.2　对准控制结果

为保证粗对准结束时光机组件和安装框架之间具有足够的安全距离，同时 2 号相机又能采集到图 5-10 所示区域的图像，将粗对准结束

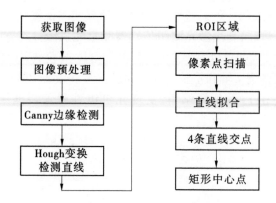

图 5-16　近距离位姿测量特征提取流程

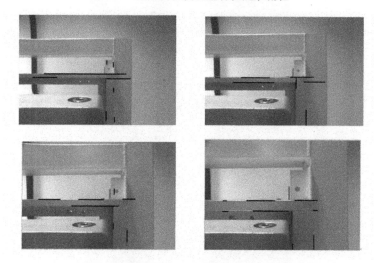

图 5-17　近距离位姿测量图像特征部分提取结果

时 z 轴方向位置偏差设定为 $z_d = 400$ mm。在进行对准实验时,利用 1 号相机采集安装框架图像,利用标定出的 1 号相机内外参数,按照式(5-1)和式(5-4)计算出矩阵表示的机器人末端的运动量。该矩阵沿 x 轴、y 轴和 z 轴方向的位置量作为机器人末端沿 x 轴、y 轴和 z 轴方向的运动量,其姿态矩阵 R 转换为横滚、俯仰和偏转角,作为机器人末端绕 x 轴、y 轴和 z 轴的旋转角度。粗对准结束后,2 号相机采集局部图像特征,按照式(5-15)调整沿 x 轴和 y 轴方向的位置偏差和绕 z 轴的角度偏差。然后,利用激光测距传感器测量光机组件与安装框架的相对距离,按照式(5-11)和式(5-12)计算角度偏差和距离偏差,按照式(5-16)调整绕 x 轴和 y 轴方向的角度偏差和沿 z 轴的位置偏差。最后,利用式(5-17)做位置调整,实现光机组件和安装框架的精对准。图 5-18 给出了机器人在自动对准过程中不同阶段的实物图。图 5-18(a)

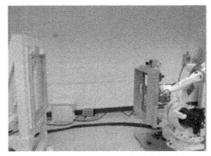

(a)初始位姿

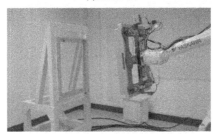

(b)粗对准结束位姿

(c)精对准结束位姿

图 5-18　自动对准过程中的实物图

是光机组件自动对准的初始位姿；图 5-18(b)是远距离粗对准结束时的位姿，也是精对准开始的位姿；图 5-18(c)是精对准结束时的位姿，即自动对准结束时的位姿。

图 5-19 给出了机器人在一次完整的自动对准过程中，其末端在基坐标系中的位姿变化曲线。其中，图 5-19(a)和图 5-19(c)分别是机器人在自动对准过程中的位置曲线和姿态角曲线。为了便于观察细节，分别给出了放大显示的机器人在精对准过程中的位置曲线和姿态角曲线，见图 5-19(b)和图 5-19(d)。由图 5-19 可以发现，对准过程运动平稳。

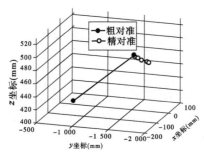

(a)自动对准过程机器人位置

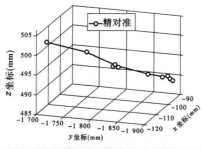

(b)精对准过程机器人位置

图 5-19　机器人末端运动轨迹

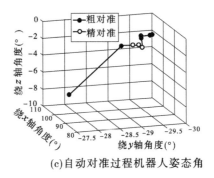

(c)自动对准过程机器人姿态角

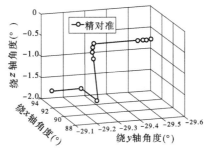

(d)精对准过程机器人姿态角

续图 5-19

　　此外,图 5-20 给出了不同对准阶段时 1 号相机和 2 号相机采集的图像。其中,图 5-20(a)是 1 号相机在粗对准前采集的图像,图 5-20(b)是 1 号相机在粗对准后采集的图像,图 5-20(c)是 2 号相机在精对准前采集的图像,图 5-20(d)是 2 号相机在精对准后采集的图像。其中,图 5-20(b)和图 5-20(c)分别是 1 号相机和 2 号相机同时采集的图像,此时粗对准过程结束,1 号相机获取的图像已经不能用于测量,而 2 号相机获取安装框架的局部图像则可以用于精对准。

　　图 5-21 给出了精对准过程中基于图像视觉控制的图像误差变化情况。PI 控制器的参数分别选为 $K_{p2}=0.1$ 和 $K_{i2}=0.5$,u 方向的给定误差为 2 个像素,v 方向的给定误差为 1 个像素,绕 z 方向角度的给定误差为 0.1°。实验中,分别对位置与姿态进行调整,即在完成姿态对准的情况下

(a)粗对准前

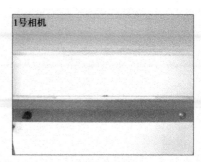

(b)粗对准后

(c)精对准前

(d)精对准后

图 5-20 自动对准过程中的图像

对位置进行调整。图 5-21(a)为 u 坐标误差的变化曲线,图 5-21(b)为 v 坐标误差的变化曲线,图 5-21(c)为直线角度误差的变化曲线。由图 5-21 可见,图像特征误差能够快速收敛到给定阈值范围内。

图 5-22 给出了精对准过程中基于激光测距反馈控制的误差变化曲线。PI 控制器的参数分别选为 $K_{p3} = 0.1$ 和 $K_{i3} = 0.6$。绕 x 轴、y 轴的角度给定误差为 $0.1°$,沿 z 轴的位置给定误差为 0.4 mm。实验中,与基于图像的控制采用类似的策略,在完成姿态对准的情况下对位置进行调整。图 5-22(a)为绕 x 轴的角度误差曲线,图 5-22(b)为绕 y 轴的角度误差曲线,图 5-22(c)为沿 z 轴的位置偏差曲线。从图 5-22(a)和图 5-22(b)可以看出,经过 6 步调整,绕 x 轴、y 轴的角度误差都收敛到误差范围内。从图 5-22(c)可以看出,经过 8 步调整,沿 z 轴的位置误差收敛到误差范围内。

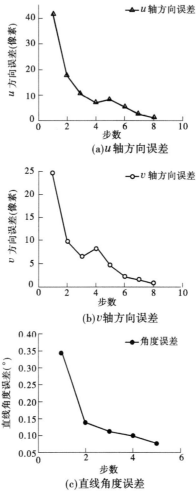

图 5-21　基于图像偏差的控制误差

　　为了验证对准的重复精度,进行了 40 次对准实验。首先,利用机器人示教器将光机组件装入安装框架,然后让机器人直线运动,将光机组件移动到对准位置,记录此时的机器人位姿,作为对准实验的真值。保持安装框架不动,重复进行 40 次位姿对准实验,图 5-23 给出了对准时的机器人末端位姿与期望位姿之间的误差曲线。

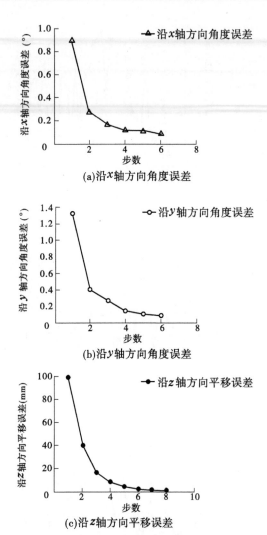

(a)沿x轴方向角度误差

(b)沿y轴方向角度误差

(c)沿z轴方向平移误差

图 5-22　基于激光反馈的控制误差

表 5-2 给出了真值、均值、最大误差绝对值和方差。x 轴方向的对准最大误差绝对值为 0.45 mm, y 轴方向的对准最大误差绝对值为 0.4 mm, z 轴方向的对准最大误差绝对值为 0.35 mm,绕 x 轴、y 轴和 z 轴方向的角度对准最大误差绝对值均为 0.1°。从表 5-2 可以看出,位姿误

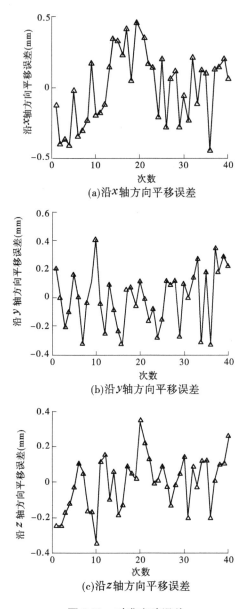

(a)沿x轴方向平移误差

(b)沿y轴方向平移误差

(c)沿z轴方向平移误差

图 5-23　对准实验误差

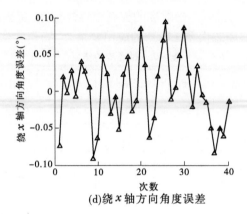

(d)绕 x 轴方向角度误差

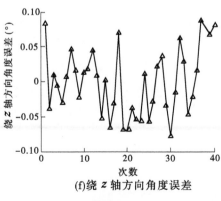

(e)绕 y 轴方向角度误差

(f)绕 z 轴方向角度误差

续图 5-23

差的方差都很小,说明本书对准的控制稳定性很好,能够很好地满足位置误差 ±1 mm,姿态误差 ±0.1°的应用要求。

表 5-2　对准实验结果

参数	$x(\text{mm})$	$y(\text{mm})$	$z(\text{mm})$	$\theta_x(°)$	$\theta_y(°)$	$\theta_z(°)$
真值	−95.35	−1 898.45	489.75	90.36	−29.52	−0.32
均值	−95.49	−1 898.62	489.84	90.40	−29.54	−0.31
最大误差绝对值	0.45	0.40	0.35	0.10	0.10	0.10
方差	0.068 8	0.040 3	0.023 6	0.002 3	0.002 2	0.002 3

参 考 文 献

[1] Hager G, Hutchinson S, Corke P. A tutorial on visual servo control [J]. IEEE transaction on robotics and automation, 1996,12(5): 651-670.

[2] Chaumette F, Hutchinson S. Visual servo control part Ⅰ: basic approaches [J]. IEEE transactions on robotics and automation,2006, 13(4): 82-90.

[3] Chaumette F, Hutchinson S. Visual servo control part Ⅱ: advanced approaches [J]. IEEE transactions on robotics and automation,2007, 14(1):109-118.

[4] 谭民, 王硕. 机器人技术研究进展[J]. 自动化学报,2013,39(7): 963-972.

[5] 王田苗, 陶永. 我国工业机器人技术现状与产业化发展战略[J]. 机械工程学报, 2014, 50(9):1-13.

[6] 赵清杰. 基于图像的机器人视觉伺服研究 [D]. 北京: 清华大学, 2002.

[7] Park D, Kwon J, Ha I. Novel position-based visual servoing approach to robust global stability under field-of-view constraint [J]. IEEE transactions on industrial electronics,2012, 59(12): 4735-4752.

[8] Ha I, Park D, Kwon J. A novel position-based visual servoing approach for robust global stability with feature points kept within the field-of-view [C]. International Conference on Control Automation Robotics & Vision,2010: 1458-1465.

[9] Staniak M, Zielinski C. Structures of visual servos [J]. Robotics and autonomous systems,2010, 58(8): 940-954.

[10] 王社阳. 机器人视觉伺服系统的若干问题研究 [D]. 哈尔滨: 哈尔滨工业大学, 2006.

[11] 杨延西. 基于图像的智能机器人视觉伺服系统 [D]. 西安: 西安理工大学, 2003.

[12] Liu Y, Wang H. An adaptive controller for image-based visual servoing of robot manipulators [C]. Proceedings of the World Congress on Intelligent Control and automation (WCICA), 2010, 988-993.

[13] Wang H, Liu Y, Chen W. Visual tracking of robots in uncalibrated environments [J]. Mechatronics,2012,22(4): 390-397.

[14] 王麟琨, 徐德, 谭民. 机器人视觉伺服研究进展 [J]. 机器人, 2004, 26(3): 277-282.

[15] Liu Y, Wang H, Chen, W, et al. Adaptive visual servoing using common image features with unknown geometric parameters [J]. Automatica,2013, 49(8):2453-2460.

[16] Wang H, Liu Y, Zhou D. Adaptive visual servoing using point and line features with an uncalibrated eye-in-hand camera [J]. IEEE transactions on robotics,2008,24(4): 843-857.

[17] 赵清杰, 连广宇, 孙增圻. 机器人视觉伺服综述 [J]. 控制与决策,2001, 16(6): 849-853.

[18] 方勇纯. 机器人视觉伺服研究综述 [J]. 智能系统学报,2008, 3(2):109-113.

[19] Azizian M, Khoshnam M, Namaei N, et al. Visual servoing in medical robotics: a survey, Part I: endoscopic and direct vision imaging-techniques and applications [J]. The international journal of medical robotics and computer assisted surgery, 2014, 10(3): 263-274.

[20] Azizian M, Khoshnam M, Namaei N, et al. Visual servoing in medical robotics: a survey, Part II: tomographic imaging modalities-techniques and applications[J]. The international journal of medical robotics and computer assisted surgery,2015, 11(1): 67-69.

[21] Espiau B, Chaumette F, Rives P. A new approach to visual servoing in robotics [J]. IEEE transactions on robotics and automation, 1992, 8(3): 313-326.

[22] Malis E, Chaumette F, Boudet S. 2-1/2-D visual servoing [J]. IEEE transaction on robotics and automation,1999,15(2):238-250.

[23] Chaumette F, Malis E. 2-1/2-D visual servoing: a possible solution to improve image-based and position – based visual servoing [C]. IEEE international Conference on robotics and automation, San Francisco, USA. 2000:630-635.

[24] Mails E, Chesi G, Cipolla R. 2-1/2-D visual servoing with respect to planar contours having complex and unknown shapes [J]. international journal of computer Vision,2003,22(10):841-853.

[25] Oda N, Ito M, Shibata M. Vision-based motion control for robotic systems [J]. IEEE transactions on electrical and electronic engineering,2009, 4(2):176-183.

[26] Weiss L, Sanderson A, Neuman C. Dynamic sensor-based control of robots with visual feedback [J]. IEEE journal on robotics and automation,1987,3(5): 404-417.

[27] 马颂德,张正友. 计算机视觉——计算理论与算法基础[M]. 北京:科学出版社,1997.

[28] 贾云得. 机器视觉[M].北京:科学出版社,2000.

[29] Corke P I. Visual control of robots: high-performance visual servoing [M]. England: Research Studies Press Ltd, 1996.

[30] 徐德,卢金燕. 直线特征的交互矩阵求取[J]. 自动化学报,2015, 41(10): 1762-1771.

[31] Lu C, Hager G, Mjolsness E. Fast and globally convergent pose estimation from video images [J]. IEEE transactions on pattern analysis and machine intelligence,2000,22(6): 610-622.

[32] 徐德,谭民,李原. 机器人视觉测量与控制:第2版[M]. 北京:国防工业出版社, 2011.

［33］ Markus Ulrich, Christian Wiedemann, Carsten Steger. Combing scale-space and similarity-based aspect graphs for fast 3D object recognition［J］. IEEE transactions on pattern analysis and machine intelligence,2012, 34(10):1902-1914.

［34］ 谭民, 徐德, 候增广, 等. 先进机器人控制［M］. 北京:高等教育出版社, 2006.

［35］ 卢金燕, 徐德, 覃政科, 等. 基于多感知的大口径器件自动对准策略［J］. 自动化学报, 2015, 41(10): 1711-1722.

［36］ Xu D, Lu J Y, Wang P, et al. Image-based visual servoing with separate design for orientation and position control using different sensitive features［J］. IEEE transactions on systems, man and cybernetics: systems, 2017,47(8):2233-2243.